数字赋能视角下农户绿色技术采纳的
影响机制研究

银西阳　著

西南财经大学出版社

中国·成都

图书在版编目(CIP)数据

数字赋能视角下农户绿色技术采纳的影响机制研究/
银西阳著.--成都:西南财经大学出版社,2025.5.
ISBN 978-7-5504-6685-2

Ⅰ.S-01

中国国家版本馆 CIP 数据核字第 202595N1G0 号

数字赋能视角下农户绿色技术采纳的影响机制研究

SHUZI FUNENG SHIJIAO XIA NONGHU LÜSE JISHU CAINA DE YINGXIANG JIZHI YANJIU

银西阳 著

策划编辑:石晓东
责任编辑:刘佳庆
责任校对:廖术涵
封面设计:墨创文化
责任印制:朱曼丽

出版发行	西南财经大学出版社(四川省成都市光华村街 55 号)
网　　址	http://cbs.swufe.edu.cn
电子邮件	bookcj@ swufe.edu.cn
邮政编码	610074
电　　话	028-87353785
照　　排	四川胜翔数码印务设计有限公司
印　　刷	成都市新都华兴印务有限公司
成品尺寸	170 mm×240 mm
印　　张	15
字　　数	268 千字
版　　次	2025 年 5 月第 1 版
印　　次	2025 年 5 月第 1 次印刷
书　　号	ISBN 978-7-5504-6685-2
定　　价	88.00 元

摘要

绿色生产技术是实现农业绿色发展转型和农业高质量发展的重要科技支撑，推进农户绿色技术采纳对于落实国家"藏粮于地、藏粮于技"战略、改善农业农村环境、保障粮食和食品安全等都具有重要意义。党的十八大以来，《全国农业可持续发展规划（2015—2030年）》《农业绿色发展技术导则（2018—2030年）》《关于打好农业面源污染防治攻坚战的实施意见》等一系列支持农业绿色可持续发展的政策文件相继出台，为农户绿色技术采纳提供了重要的政策支持。与此同时，大量学者立足传统经济学视角，围绕农户绿色技术采纳行为的影响机制展开了系统、全面的探讨，为农户绿色技术采纳提供了有益的理论指导。然而，从实践层面来看，囿于绿色生产技术和小农户的自然属性，我国农户的整体绿色技术采纳水平仍较低。一方面，农业绿色生产技术具有一定的复杂性与风险性，农户采纳绿色生产技术面临较高的知识技能门槛。另一方面，我国农户以小规模分散经营为主，整体人力资本水平较低，其学习、获取、运用农业绿色生产技术的意愿和能力都相对不足，难以广泛进行绿色技术采纳。当前，基于数字技术的数字经济通过重塑社会经济活动的各个领域、各种关系，为传统经济体系带来了广泛、持续、深刻的变革，数字经济与不同领域的融合发展逐渐成为新时代的一个大逻辑和大趋势。毋庸置疑，伴随着数字经济与农业产业的逐渐融合，农业绿色化转型必将焕发数字新活力。鉴于此，在绿色生产技术传统推广机制失效和农户绿色技术采纳普遍乏力的背景下，从数字经济理论视角重新检视农户绿色技术采纳行为具有理论可行性和现实迫切性。那么，基于数字技术的数字经济在重塑农业产业的过程中，能否对农户的思维方式与行为方式产生变革性的作用，从而实现为农户的绿色技术采纳行为赋能呢？在数字赋能视角下，农户的绿色技术采纳行为具有怎样的影响？农户采纳绿色生产技术是否具有经济效应？在不同的数字赋能情况下，该经济效应又存在怎样的特性？

为深入探讨上述问题，本书基于四川省水稻主产区 608 份农户微观调查数据，对数字赋能视角下农户绿色技术采纳的影响机制展开系统研究。研究主要涵盖以下几个方面的内容：第一，基于数字经济理论、农户行为理论、农业技术扩散理论和农业绿色发展理论，对数字赋能影响农户绿色技术采纳的理论机理进行系统探讨，并搭建了"数字赋能—农户绿色技术采纳—经济效应"的理论分析框架；第二，利用宏观统计数据和相关资料，从宏观视角梳理我国农业绿色发展历程，总结各阶段农户绿色技术采纳的基本特征，并结合微观调研数据，系统阐述样本农户的个人特征、家庭特征和环境特征，揭示样本农户的绿色技术采纳现状；第三，基于微观调研数据，结合 OLS 模型、Ordered Probit 模型、控制方程法和倾向得分匹配法，实证检验数字赋能对农户绿色技术采纳的影响，并从绿色技术类别、经济区域和农户群体三个方面探讨数字赋能影响农户绿色技术采纳的异质性；第四，利用中介效应检验模型，从农户绿色技术采纳认知和区域软环境两方面实证检验数字赋能对农户绿色技术采纳的作用机制；第五，采用内生转换模型检验农户绿色技术采纳的节本增收效应，并通过 OLS 模型和分位数回归模型探讨数字赋能视角下该经济效应的异质性；第六，利用程序化扎根理论对案例资料展开逐级编码,归纳总结出数字技术赋能农户绿色技术采纳的基本内涵和实现路径。

本书的主要结论如下:

(1)农户绿色农业技术采纳的深度和广度不断拓展,我国农业绿色发展进入优化升级新阶段。从宏观层面来看,农业绿色发展经历了长期的萌芽、形成和探索发展过程,农户采纳绿色农业技术的渠道、种类、范围和规模逐渐增加和扩大,我国农业绿色发展进入优化升级阶段。然而,受制于"信息困境",当前仍有大量农户缺乏采纳绿色农业技术的意愿和能力,这不利于我国农业进一步绿色发展转型。从微观层面来看,样本区域的整体绿色农业技术采纳环境较差,样本农户对各项绿色农业技术的认知情况和采纳情况存在显著差异,绿色农业技术的推广运用任重道远。

(2)数字赋能对农户绿色技术采纳具有显著的正向影响,且该影响在不同的绿色技术类别、经济区域和农户群体间存在显著的异质性。基准回归结果显示,相对于没有数字赋能的农户,数字赋能农户的绿色技术采纳程度显著提升,进一步考虑内生性问题后,该结论依然成立。将核心自变量替换为数字赋能程度后的回归结果显示,数字赋能程度对农户绿色技术采纳的影响在1%的水平上显著为正,说明数字赋能程度与农户绿色技术采纳呈现高度的正相关关系。异质性分析结果表明,数字赋能对农户绿色技术采纳的影响在不同绿色技术类别、经济区域和农户群体方面存在显著差异。

(3)绿色技术采纳认知和区域软环境是数字赋能影响农户绿色技术采纳的重要渠道。中介效应检验结果表明,在数字赋能对农户绿色技术采纳的影响过程中,农户绿色技术采纳认知和区域软环境均具有显著的中介作用。具体而言,一方面,数字技术有助于增强农户对绿色技术采纳的效益认知、风险认知和易用认知，进而帮助农户更好地做出绿色技术采纳行为决策；另一方面，数字技术有助于改善农户绿色技术采纳的社会环境、政策环境和市场环境，从而提升农户绿色技术采纳的积极性，促进农户进行绿色技术采纳。

（4）数字赋能视角下农户绿色技术采纳具有显著的经济效应。内生转换模型回归结果表明，采纳了绿色技术的农户在未采纳绿色农业技术的"反事实"情景下，其种植收入明显降低，种植成本明显增加；而未采纳绿色技术的农户在采纳绿色农业技术的"反事实"情景下，其种植收入明显增加，种植成本明显下降。进一步的分位数回归结果表明，相对于非数字赋能户，数字赋能户采纳绿色农业技术的增收和节本效果更为明显。

（5）数字技术为农户绿色技术采纳的赋能作用主要体现在主体赋能、过程赋能和成果赋能三个方面。通过程序化扎根理论的逐级编码，可以得到一条"数字技术赋能农户绿色技术采纳"的逻辑主线，即在数字基础设施、农户资本禀赋和现实需求的联动匹配下，农户通过数字设备和平台可以实现信息、技术、知识、农资、农机以及农产品等要素的共享，从而提升农户绿色技术采纳认知，改善区域软环境，最终促进农户绿色技术采纳。从中可以发现，主体赋能、过程赋能和成果赋能是数字技术赋能农户绿色技术采纳的基本内涵体现，可以通过加强数字"新基建"建设和数字"新农人"培育、加快对农户现实需求的精准识别与响应、促进农业信息和物质共享来实现数字技术为农户绿色技术采纳赋能。

基于以上研究结论，本书主要得出以下三个层面的政策启示：一是要强化政府的引领与扶持，推动数字经济与绿色农业产业融合发展；二是要加快数字"新农人"培育，提升农户的数字素养；三是要推进农业数字平台企业专业化发展，实现数字技术的有效供给。

与现有文献相比，本书的主要创新之处在于：

（1）从数字赋能视角深入探讨了农户绿色技术采纳的新机制与新路径。现有研究从传统经济学视角对农户绿色技术采纳行为展开了大量探讨，在一定程度上促进了我国农户的绿色技术采纳。然而，受制于农户自身能力以及绿色农业技术难获取、高成本、高风险等属性，当前我国农户绿色技术采纳面临能力与动力不足的困境，基于传统经济学理论的农户绿色技术采纳激励措施表现乏力，亟需从新视角找到推进农户绿色技术采纳的突破口，以确保能够顺利实现我国农业绿色化转型。本书立足我国数字经济与农业产业深度融合发展的大趋势，结合数字经济理论，尝试从"数字赋能—绿色技术采纳认知—绿色技术采纳"和"数字赋能—区域软环境—绿色技术采纳"两条路径探索解决农户绿色技术采纳乏力问题的新机制，为促进农户绿色技术采纳提供新思路，在研究视角上具有一定的创新性。

（2）搭建了"数字赋能—农户绿色技术采纳—经济效应"的理论分析框架。现有关于数字赋能的研究主要集中于制造业和服务业领域，较少涉及农业领域，针对数字赋能对农户绿色技术采纳影响的研究还较为缺乏。本书将数字赋能、农户绿色技术采纳及其经济效应纳入同一分析框架，详细阐述了数字赋能对农户绿色技术采纳的影响机理，以及数字赋能视角下农户绿色技术采纳的经济效应，并采用多案例质性分析的方法，从实践层面探索数字赋能影响农户绿色技术采纳的机制和路径，与实证结果形成印证，对数字赋能和农户绿色技术采纳的理论与实践进行了拓展，在研究内容上具有一定的创新性。

（3）从定量和定性两个方面深入剖析了数字赋能对农户绿色技术采纳的影响。一方面，基于微观调查数据，本书综合运用普通最小二乘法、Ordered Probit 模型、控制方程法、倾向得分匹配法、中介效应模型、内生转换模型、分位数回归等多种计量方法及模型，实证检验了数字赋能对农户绿色技术采纳的影响机制，并深入分析了数字赋能视角下农户绿色技术采纳的经济效应。另一方面，基于农户绿色技术采纳的实践案例资料，本书通过程序化扎根理论分析方法，从定性视角进一步探讨了数字技术赋能农户绿色技术采纳的基本内涵与实现路径。将传统计量分析方法和扎根理论分析相结合，有助于更加全面系统地揭示数字赋能对农户绿色技术采纳的影响，在研究方法运用上具有一定的创新性。

银西阳

2024 年 12 月

Abstract

Green production technology is an important scientific and technological support for the transformation of agricultural green development and the high quality development of agriculture. Promoting the adoption of green technology by farmers is of great significance for implementing the national strategy of "storing grain in the land, storing grain in technology", improving agricultural and rural environment, and ensuring food and food safety. Since the 18th CPC National Congress, a series of policy documents have been issued to support the green and sustainable development of agriculture, including the National Plan for Sustainable Agricultural Development (2015–2030), Technical Guidelines for Green Agricultural Development (2018–2030), and Implementation Opinions on Fighting the Battle against Non-point Agricultural Pollution. It provides important policy support for farmers to adopt green technology. At the same time, based on the perspective of traditional economics, a large number of scholars have carried out a systematic and comprehensive discussion on the influencing mechanism of farmers' green technology adoption behavior, providing beneficial theoretical guidance for farmers' green technology adoption. However, from the perspective of practice, because of the green production technology and the nature of small farmer, the overall green technology adoption level of Chinese farmer is still low. On the one hand, agricultural green production technology has a certain complexity and risk, farmers adopt green production technology face a high threshold of knowledge and skills. On the other hand, the farmers are mainly scattered in small scale, and the overall level of human capital is low. Its willingness and ability to learn, acquire and apply agricultural green production technology are relatively insufficient, so it is difficult to widely adopt green technology. At present, the digital economy based on digital technology has brought extensive, sustained and profound changes to the traditional economic system by reshaping various fields and relationships of social and economic activities. The integrated development of digital economy and different fields has gradually become a big logic and trend of the new era. There is no doubt that with the gradual integration of digital economy and agricultural industry, the green transformation of agriculture will surely glow with new digital vitality. In view of this, under the background of the failure of traditional promotion mechanism of green production technology and the general weakness of farmers' adoption of green technology, it is theoretically feasible and practical urgent to re-examine farmers' adoption of green technology from the perspective of digital economy theory. So, in the process of reshaping the agricultural industry, can the digital economy based on digital technology have a transformative effect on the way of thinking and behavior of farmers, so as to enable farmers to adopt green technologies? From the perspective of digital empowerment, what is the influence mechanism of farmers' green technology adoption behavior? Does the adoption of green production technology by farmers have an economic effect? What are the characteristics of this economic effect under different digital enabling conditions?

In order to further explore the above problems, based on 608 micro-survey data of farmers in major rice producing areas of Sichuan Province, this study conducted a systematic study on the influencing mechanism of farmers' green technology adoption from the perspective of digital empowerment. The research mainly covers the following aspects: First, based on the theory of digital economy, the theory of farmer behavior, the theory of agricultural technology diffusion and the theory of agricultural green development, the theoretical mechanism of the influence of digital empowerment on farmers' green technology adoption is systematically discussed, and the theoretical analysis framework of "digital empowerment - farmers' green technology adoption - economic effect" is built. Secondly, by using macro-statistical data and relevant data, the process of agricultural green development was summarized from the macroscopic perspective, and the basic characteristics of green technology adoption of farmers in different stages were summarized. Then, the personal characteristics, family characteristics and environmental characteristics of sample farmers were systematically expounded based on the micro-survey data, and the status quo of green technology adoption of sample farmers was revealed. Thirdly, based on the micro-survey data, OLS model, Ordered probit model, governing equation method and propensity score matching method were combined to empirically test the impact of digital empowerment on farmers' green technology adoption, and the heterogeneity of the impact of digital empowerment on farmers' green technology adoption was discussed from three aspects: green technology category, economic region and farmer group. Fourthly, the mediation effect test model was used to empirically test the effect mechanism of digital empowerment on farmers' green technology adoption from two aspects: farmers' cognition of green technology adoption and regional soft environment. Fifth, the endogenous transformation model was used to test the cost-saving and income-increasing effect of green technology adoption by farmers, and the OLS model and quantile regression model were used to explore the heterogeneity of the economic effect from the perspective of digital empowerment. Sixth, the case data are coded step by step by using programmed grounded theory, and the basic connotation and implementation path of green technology adoption enabled by digital technology for farmers are summarized.

The main conclusions of this study are as follows:

(1) The depth and breadth of the adoption of green agricultural technology of farmers are expanding continuously, and the agricultural green development enters a new period of optimization and upgrading. At the macro level, the green agricultural development has experienced a long-term process of germination, formation and exploration. Farmers adopt green agricultural technology channels, types, scope and scale gradually increase, and our agricultural green development enters the optimization and upgrading stage. However, subject to the "information dilemma", there are still a large number of farmers lack the willingness and ability to adopt green agricultural technology, which is not conducive to our agricultural further green development transformation. From the micro level, the overall environment for green agricultural technology adoption in the sample region is poor, and there are significant differences in the sample farmers' cognition and adoption of various green agricultural technologies, so the promotion and application of green agricultural technologies has a long way to go.

(2) Digital empowerment has a significant positive impact on farmers' green technology adoption, and the impact is heterogeneous among different green technology categories, economic regions and farmers' groups. The baseline regression results show that compared with households without digital empowerment, the adoption of green technologies by digital empowered households is significantly improved. This conclusion remains valid after further consideration of endogeneity. The regression results after replacing the core independent variable with the degree of digital empowerment show that the influence of the degree of digital empowerment on farmers' green technology adoption is significantly positive at the level of 1%, indicating that

the degree of digital empowerment is highly positively correlated with farmers' green technology adoption. The results of heterogeneity analysis show that the impact of digital empowerment on green technology adoption by farmers is significantly different in different green technology categories, economic regions and household groups.

(3) Recognition of green technology adoption and regional soft environment are important channels for digital empowerment to influence farmers' green technology adoption. The results of mediating effect test show that, in the process of the influence of digital empowerment on farmers' green technology adoption, farmers' green technology adoption cognition and regional soft environment both play a significant mediating role. Specifically, on the one hand, digital technology can help enhance farmers' cognition of benefit, risk and ease of use in green technology adoption, and thus help farmers make better behavioral decisions in green technology adoption. On the other hand, digital technology can help improve the social environment, policy environment and market environment of farmers' green technology adoption, so as to enhance their enthusiasm and promote their green technology adoption.

(4) From the perspective of digital empowerment, farmers' green technology adoption has significant economic effects. The regression results of endogenous transformation model show that farmers who adopt green technologies will significantly reduce their planting income and increase their planting cost in the "counterfactual" scenario without adopting green agricultural technologies, while farmers who do not adopt green agricultural technologies will significantly increase their planting income and decrease their planting cost in the "counterfactual" scenario. Further quantile regression results show that compared with non-digital empowered households, digital empowered households adopt green agricultural technologies to increase income and save costs more obviously.

（5）The enabling role of digital technology for farmers' green technology adoption is mainly embodied in three aspects: subject empowerment, process empowerment and outcome empowerment. Through the step-by-step coding of programmed grounded theory, a logical thread of "digital technology enables farmers to adopt green technology" can be obtained, that is, under the linkage and matching of digital infrastructure, farmers' capital endowment and practical needs, farmers can share information, technology, knowledge, agricultural materials, agricultural machinery and agricultural products through digital equipment and platforms. So as to enhance farmers' awareness of green technology adoption, improve regional soft environment, and finally promote farmers' green technology adoption. It can be found that subject empowerment, process empowerment and outcome empowerment are the basic connotation of green technology adoption by digitally empowered farmers. It can be realized by strengthening the construction of digital "new infrastructure" and the cultivation of digital "new farmers", accelerating the accurate identification and response to farmers' real needs, and promoting the sharing of agricultural information and materials.

Based on the above research conclusions, this study mainly draws the following three levels of policy enlightenment: first, strengthen the government's guidance and support, promote the integrated development of digital economy and green agricultural industry; Second, we should speed up the cultivation of digital "new farmers" and improve the digital literacy of farmers. Third, we should promote the professional development of agricultural digital platform enterprises and realize the effective supply of digital technology.

Compared with the existing literature, the main innovations of this study are:

（1）From the perspective of digital empowerment, this paper probes into the new mechanism and new path of farmers' green technology adoption. The present research probes into farmers' green technology adoption from the perspective of traditional economics, which promotes Chinese farmers' green technology adoption to a certain extent. However, limited to farmers' own ability and attributes such as difficult to obtain, high cost and high risk of green agricultural technology, farmers in our country are facing obstacles of insufficient ability and motivation in green technology adoption. Based on the traditional economic theory, farmers' incentive measures for green technology adoption are weak, which urgently needs to find a breakthrough to promote green technology adoption from the new perspective. In order to realize the green transformation of Chinese agriculture smoothly. Based on the trend of deep integration of the digital economy and agricultural industry in our country, and combined with the theory of digital economy, this study tries to crack the new mechanism of farmer household's weak green technology adoption from two paths: "digital enablement — cognition of green technology adoption" and "digital enablement — regional soft environment — green technology adoption". It provides a new way to promote the adoption of green technology by farmers and is innovative in research perspective.

(2) The theoretical analysis framework of "digital empowerment – farmers' green technology adoption – economic effect" is built. Existing studies on digital empowerment mainly focus on the manufacturing and service industries, but rarely involve agriculture. There is still a lack of research on the impact of digital empowerment on farmers' green technology adoption. In this study, digital empowerment, farmers' green technology adoption and its economic effects were integrated into the same analytical framework, and the influence mechanism of digital empowerment on farmers' green technology adoption was elaborated, as well as the economic effects of farmers' green technology adoption from the perspective of digital empowerment. The multi-case qualitative analysis method was adopted. From the practical level, the

influence mechanism and implementation path of digital empowerment on farmers' green technology adoption are explored, which is verified with the empirical results. The theory and practice of digital empowerment and farmers' green technology adoption are expanded, and the research content is innovative to some extent.

（3） The influence of digital empowerment on farmers' green technology adoption is analyzed quantitatively and qualitatively. On the one hand, based on the micro survey data, this study comprehensively used a variety of measurement methods, such as ordinary least square method, Ordered Probit model, control equation method, propensity score matching method, intermediary effect model, endogenous transformation model, quantile regression, and so on, to empirically test the influence mechanism of digital empowerment on farmers' green technology adoption. The economic effects of green technology adoption by farmers under the perspective of digital empowerment are analyzed. On the other hand, based on the practical case data of farmers' green technology adoption, this study further discusses the basic connotation and implementation path of digital technology enabling farmers' green technology adoption from a qualitative perspective through the program-based theory analysis method. The combination of traditional econometric analysis method and grounded theory analysis is helpful to reveal the influence of digital empowerment on farmers' green technology adoption in a more comprehensive and systematic way, which is innovative in the application of research methods.

Keywords：Digital empowerment；Green production technology；Influence mechanism；Economic effect；Grounded theory

目录

1　绪论

1.1　研究背景与意义

1.1.1　研究背景

农业绿色可持续发展事关国家粮食安全和人民身体健康，是新时代我国农业发展的内在要求与核心目标。在大国小农、人多地少的基本国情下，农产品总量不足曾是我国农业领域长期存在的问题，保障农产品产量，尤其是粮食产量的增长成为我国农业发展的重点目标（魏后凯，2017）。基于增产目标导向，各种刺激农业产量增长的措施得到极大的推广运用，通过毁林开荒、围湖造田等扩大生产规模，通过对农药、化肥、农膜等化学用品的使用以提高单产。这种粗放型农业发展模式极大提升了我国农业供给能力，有效破解农产品总量不足矛盾的同时，也带来了日益突出的农业资源环境问题，农业绿色可持续发展逐渐成为当前及未来我国农业发展的长期要求和必然趋势（韩冬梅 等，2019；朱俊峰和邓远远，2022）。此外，随着我国居民收入和消费水平的提升，农业消费需求由"吃得饱"向"吃得好、吃得健康、吃得安全"转变，低质农产品供给过剩，绿色优质农产品供给不足的矛盾也迫切要求我国农业实现绿色发展转型（魏后凯和刘长全，2019）。

我国高度重视农业绿色发展，但当前我国农户的绿色技术采纳水平较低，农业绿色发展进程缓慢。习近平总书记在党的二十大报告中指出，要坚持以推动高质量发展为主题，站在人与自然和谐共生的高度谋划农业发展，加快农业发展方式绿色转型，深入推进农业农村环境污染防治，促进农业绿色、低碳、高质量发展。此外，《全国农业可持续发展规划（2015—

1

2030 年)》《农业绿色发展技术导则（2018—2030 年)》《关于打好农业面源污染防治攻坚战的实施意见》等一系列支持农业绿色可持续发展的政策文件相继出台，为农业绿色发展提供了重要的顶层设计与方向指引（马文奇 等，2020）。然而，当前我国以资源消耗和环境污染为代价的粗放型农业发展模式并未发生根本性改变，农业绿色发展成效不足（于法稳，2018）。究其原因，主要是由于农户对绿色农业技术的采纳意愿与采纳程度不足（杨彩艳 等，2021；张露 等，2022）。绿色发展的核心在于解决好人与自然的和谐问题（方文 等，2018），农户作为我国农业生产经营的主体，其绿色农业技术采纳行为直接关系到农业绿色发展的质量（张红丽等，2020；张康洁，2021）。在家庭承包经营和农村优质劳动力持续流失的背景下，我国农户的整体人力资本较低（蓝红星，2022），绿色生产意识相对薄弱，其学习、获取、运用农业绿色生产知识、技术和信息的能力都相对不足（黄晓慧和聂凤英，2023）。这使得农户绿色技术采纳不仅面临较高的技术采纳成本，如学习成本、技术交易成本等，还面临由市场信任不足导致的收益不确定性风险（王爱民，2015；杨志海，2018；何可和宋洪远，2021）。同时，农户绿色技术采纳行为受到内部认知和外部环境的综合影响（Gigerenzer，2001），整体能力欠缺的农户对绿色农业技术信息的认知与识别存在一定的局限性，基于风险规避考虑，高风险、高技术难度的绿色农业技术难以成为农户的最优技术选择（曾晗 等，2021）。

基于新一轮科技革命的数字经济是继农业经济、工业经济之后的一种全新经济社会发展形态，其通过重塑社会经济活动的各个领域、各种关系，为传统经济体系带来广泛、持续、深刻的变革，数字经济与不同领域的融合发展成为新时代的一个大逻辑和大趋势（Boccia et al.，2016；王常军，2021；高帆，2021）。我国高度重视数字经济发展，《数字农业农村发展规划（2019—2025 年)》、《数字乡村发展战略纲要》、"十四五"规划和2023 年远景目标纲要等国家政策文件都强调要发展数字经济，推动数字产业化和产业数字化，促进数字经济与实体经济深度融合发展。如图 1-1 所示，2014—2021 年，我国数字经济规模从 16.2 万亿元增长到 45.5 万亿元，数字经济占 GDP 的比重由 26%增长至 39.8%。随着数字经济规模快速扩张，数字经济占 GDP 的比重也不断提升，数字经济逐渐成为我国经济增长的新引擎。特别是在新冠疫情背景下，中国数字经济实现高速逆势增长，2021 年同比增长 16.2%，有效支撑了我国的疫情防控和社会经济发展。

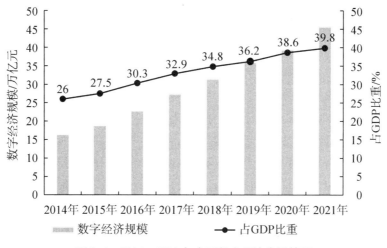

图 1-1　2014—2021 年中国数字经济发展情况

数据资料来源：《中国数字经济发展白皮书》（2015—2022 年）。

数字经济与农业产业的融合发展，为破除现有农户绿色技术采纳障碍、推进农业绿色发展转型带来了契机（李文睿 等，2022）。当前，随着我国农村网络基础设施的不断完善，基于数字技术的信息红利不断向农业农村领域扩散，数字经济与农业产业融合发展逐渐成为新趋势（夏显力 等，2019）。数字经济与农业产业的融合发展本质上是农业现代化发展的推进过程，数字技术渗透于农业产业的各个方面，其带来颠覆性变革与创造性破坏，为农业现代化发展注入新动能（秦秋霞 等，2021）。农业绿色发展是农业现代化的必由之路，而数字经济与农业产业的融合发展能有效打破信息流动壁垒，加快农业资源要素流动，提升农业资源利用效率，这本身也是农业绿色发展的重要体现（安宇宏，2016）。在数字经济与农业产业融合发展的过程中，数字技术的运用对广大农业经营者的思维方式与行为方式产生变革，进而重塑农业产业，不断催生农业新模式、新业态。农业经营者可以基于海量数字化的农业知识和信息，便捷、低成本、跨时空地获取农业生产知识与技术，重塑其农业生产意识和能力，从内部心理和外部环境为其农业生产行为赋能（苏岚岚和孔荣，2020；张国胜 等，2021）。总的来看，数字技术赋能农户绿色技术采纳这一问题的本质，是在当前农户绿色技术采纳面临一定的约束与困境、数字经济与农业产业融合发展的双重背景下，如何充分利用数字技术革命的机会窗口，克服现有农户绿色技术采纳障碍的"破障"过程。

综上所述，我国农业生产面临日益严重的资源环境约束，如何破除农户绿色技术采纳障碍，是我国农业绿色发展转型迫切需要解决的关键问题。随着数字经济与农业产业不断融合发展，数字技术逐渐深入农户的生产生活，对农户的思维方式和行为方式都产生了变革性影响。那么，在农业农村的数字化进程中，数字技术能否通过对传统农业劳动资料、劳动者和劳动对象的不断变革，赋予农户数字化能力，帮助其破除绿色技术采纳障碍，从而推动我国农业绿色化转型？在实践中，数字赋能是否对农户绿色技术采纳具有积极的促进作用？数字赋能影响农户绿色技术采纳的作用机制是什么？具有怎样的实现路径？农户绿色技术采纳是否具有经济效应，在不同数字赋能情况下，该经济效应又有何差异？为科学回答以上问题，本书基于确保国家粮食安全和推进农业绿色化转型的政策目标，在农户绿色技术采纳普遍受阻、数字经济与农业产业融合发展的现实背景下，以四川省水稻种植户的绿色技术采纳为例，将数字技术为农户赋能作为一个重要前提，重点探讨数字赋能对农户绿色技术采纳的影响机制，并对后续产生的经济效益进行系统分析。具体而言，首先本书基于现有相关研究资料展开理论分析，构建"数字赋能—农户绿色技术采纳—经济效应"的理论分析框架；其次，在整体把握农户绿色技术采纳现状的基础上，运用四川省水稻种植户的调查数据，实证检验数字赋能对农户绿色技术采纳的影响机制，并系统分析数字赋能视角下农户绿色技术采纳的经济效应；再次，采用程序化扎根理论对收集的案例资料进行探索性分析，在实践中探寻数字技术赋能农户绿色技术采纳的实现路径，进一步检验和丰富定量分析的相关结论；最后，综合理论、实证和案例研究结论，从数字赋能视角提出促进农户绿色技术采纳的政策启示，旨在通过数字技术赋能，破除农户的绿色技术采纳障碍，促进绿色生产技术的推广运用，让农户在进行农业绿色生产的同时，实现节本增收，为保障国家粮食安全增添一道"绿色屏障"。

1.1.2 研究意义

随着互联网、大数据、云计算等数字技术在农业领域的推广运用，数字要素越来越成为农业生产的关键要素，数字技术与农业发展的融合成为必然趋势。在农户绿色技术采纳普遍乏力的背景下，本书将数字技术的赋能作用纳入农户绿色技术采纳影响机制的分析框架中，深入探究数字赋能对农户绿色技术采纳的作用机理，并进一步分析其可能产生的经济效应，具有一定的理论和现实意义。

1.1.2.1　理论意义

第一，构建了"数字赋能—农户绿色技术采纳—经济效益"的理论分析框架，深化了农户绿色技术采纳行为研究，丰富了农户行为理论。现有研究在传统经济学理论框架下系统全面地剖析了农户绿色技术采纳的影响因素和效应机制，但囿于当前我国小农经营模式的局限性、滞后性，基于传统经济理论的农户绿色技术采纳推进机制表现乏力。本书基于数字经济与农业产业融合发展的实践，将数字赋能与农户绿色技术采纳结合起来，为农户绿色技术采纳的相关研究找到新颖的分析思路和理论框架。从数字赋能这个全新视角重新审视农户绿色技术采纳行为，通过经济学模型推导，探寻数字赋能与农户绿色技术采纳之间的内在联系，并从理论上深入剖析其作用机制与经济效应，在一定程度上深化了农户绿色技术采纳行为的理论研究，对其他的农户行为理论研究也具有一定的借鉴意义。

第二，拓展了数字经济在农业领域的研究边界，丰富了农业数字经济理论研究。当前，农业数字经济的理论研究滞后于"数字农业"的具体实践。一方面，现有关于数字经济理论的研究大多是从数字经济与制造业或服务业融合的角度进行分析，关于数字经济与农业产业融合发展的研究还相对匮乏。另一方面，随着数字技术在农业农村领域的推广运用，数字经济与农业产业融合发展的实践逐渐深入，亟须农业数字经济理论的指引。本书将数字经济理论与农户行为理论相结合，从数字赋能视角剖析农户绿色技术采纳行为，拓展了数字经济理论在农业领域的研究边界，对丰富和发展农业数字经济理论具有重要意义。

1.1.2.2　现实意义

第一，有利于推动农业绿色发展转型，助力农业高质量发展和农业强国目标的实现。本书将数字经济新理念和新业态引入农户绿色技术采纳行为研究，有助于打破传统农业要素分隔"藩篱"，变革要素配置方式，提高农业绿色生产要素的配置效率，形成农业绿色、低碳、可持续发展的全要素数字化高效投入体系，降低农户绿色技术采纳成本和难度，有效推进我国农业绿色发展转型，促进农业高质量发展，助推我国由农业大国向农业强国转变。

第二，有利于破除农户绿色技术采纳障碍，打通绿色农业技术推广的

"最后一公里"，促进农业绿色生产技术的推广普及。当前，受多种障碍因素影响，促进农户绿色技术采纳的传统措施效果有限，迫切需要探寻刺激农户绿色技术采纳的新方向与新动能。本书在整体掌握农户绿色技术采纳基本现状的基础上，从数字赋能视角切入，通过理论、实证和案例研究，深入探讨了数字赋能对农户绿色技术采纳的影响机制，从一个全新视角探寻为农户绿色技术采纳赋能的新机制与新路径，有助于克服传统经济学视角下农户绿色技术采纳的障碍因素，为促进农户绿色技术采纳注入数字新动能。

第三，有利于促进农业绿色生产节本增效，形成农业绿色增收长效机制。在农业生产成本不断提升、农民增收乏力的现实背景下，如何实现农业生产节本增收成为学界和政府关注的焦点。本书在系统剖析数字赋能与农户绿色技术采纳内在关系的基础上，进一步借助内生转换模型和分位数回归模型深入剖析数字赋能视角下农户绿色技术采纳的经济效应，有助于从数字赋能视角厘清促进农业绿色生产节本增收的新机制，为提升农户绿色技术采纳积极性和建立农业绿色增收长效机制提供新思路。

1.2 研究目标与内容

1.2.1 研究目标

本书以四川省水稻种植户为基本书对象，在整体把握农户绿色技术采纳现状的基础上，通过理论推导、实证检验和案例研究，系统剖析数字赋能、农户绿色技术采纳及其经济效应之间的内在逻辑关系，探究数字技术赋能农户绿色技术采纳的作用机理与实现路径，考察数字赋能视角下农户绿色技术采纳所具有的经济效应，为进一步完善农业绿色可持续发展的政策体系提供理论支撑和经验证据。具体而言，本书目标设置如下：

（1）全面梳理我国农业绿色发展历程，整体把握农户绿色技术采纳的阶段特征。

（2）探究数字赋能对农户绿色技术采纳行为决策的作用机理。

（3）考察数字赋能视角下农户绿色技术采纳的经济效应。

（4）探寻数字技术为农户绿色技术采纳赋能的实现路径。

（5）从数字赋能视角提出促进农户绿色技术采纳的政策启示。

1.2.2　研究内容

结合上述研究目标，本书基于数字赋能视角，以四川省"水稻种植户的绿色技术采纳行为"为分析对象，主要围绕理论、现状、实证、案例和对策五个层面展开研究。

（1）理论研究：理论基础与研究框架构建。首先，全方位梳理文献，总结现有相关研究成果的贡献与不足，为本书提供方向指引。其次，借鉴数字经济理论、农户行为理论、农业技术扩散理论、农业绿色发展理论，厘清农户、数字赋能、绿色农业技术等相关核心概念的内涵，在理论上阐释数字赋能与农户绿色技术采纳之间的内在关联与作用机制，并进一步探讨数字赋能视角下农户绿色技术采纳的经济效应。最终，搭建起"数字赋能—农户绿色技术采纳—经济效应"的理论分析框架。

（2）现状研究：农户绿色技术采纳的历史追溯与现实考察。利用宏观统计数据和资料，系统梳理我国农业绿色发展的演进历程，总结农户绿色技术采纳的阶段特征。结合微观调研数据，在明确样本农户个体和家庭特征的基础上，考察样本农户绿色技术采纳的环境特征和认知特征，整体把握样本农户绿色技术采纳的基本现状。

（3）实证研究：数字赋能、农户绿色技术采纳及其经济效应的关系检验。第一，实证分析数字赋能对农户绿色技术采纳的影响机制。本节将基于数字赋能对农户绿色技术采纳影响的理论分析，利用微观农户数据，结合 Ordered Probit 模型、控制方程法和倾向得分匹配法验证数字赋能对农户绿色技术采纳的影响，并通过中介效应检验模型进一步考察其具体的影响机制。第二，实证检验数字赋能视角下农户绿色技术采纳的经济效应。本节将利用微观调研数据，结合数字赋能、农户绿色技术采纳和节本增收效应之间的理论关系探讨，采用内生转换模型检验农户绿色技术采纳对其农业生产经营成本和收入的影响，并通过分位数回归分析数字赋能视角下农户绿色技术采纳经济效应的异质性特征。

（4）案例研究：数字技术赋能农户绿色技术采纳的实现路径分析。数字经济与农业产业的融合发展为促进农户绿色技术采纳提供了新的实践探索。基于归纳分析的逻辑，回归田野，深入农业生产第一现场，从稻农的整个农业生产活动中去发现和捕捉数字赋能对其绿色技术采纳的影响，深入把握数字技术对农户生产生活的影响。通过系统分析样本农户的生产实践资料，尝试归纳总结出数字技术赋能农户绿色技术采纳的典型模式，总结数字技术赋能农户绿色技术采纳的一般性规律，与本书的理论和实证分析结果相互印证，探究其未来发展方向。

（5）对策研究：研究结论与政策启示。在全面总结现状、实证与案例分析结论的基础上，本书立足数字赋能和农户绿色技术采纳的实践，解析数字赋能对农户绿色技术采纳所发挥的功效和存在的问题，有针对性地提出推进农业农村数字化进程和促进农户绿色技术采纳的建设思路、实现路径及其配套政策。

1.3 研究方法与数据来源

1.3.1 研究方法

基于以上研究目标和内容，本书综合运用规范分析法、实地调查法、比较分析法、计量分析法和案例研究法来研究数字赋能对农户绿色技术采纳的影响机制问题。具体研究方法如下：

1.3.1.1 规范分析法

充分利用学校图书馆和数字图书馆丰富的馆藏资源（如知网、Web of Science 和 EBSCO 等数据库），广泛搜集国内外关于数字经济、数字赋能、农户绿色技术采纳、农业绿色生产等方面的文献资料。在总结现有研究成果的基础上，对农户、数字赋能、绿色农业技术等概念内涵与外延进行科学界定，系统梳理数字经济理论、农户行为理论、农业技术扩散理论、农业绿色发展理论的发展历程和基本内容，厘清数字赋能与农户绿色技术采纳之间的逻辑关联，搭建数字赋能视角下农户绿色技术采纳行为的理论分析框架。

1.3.1.2 实地调查法

实地调查法包括问卷调查法和访谈法两个部分。基于研究框架和内容，确定本书的数据资料需求，科学设置访谈提纲和调研问卷，对成都、绵阳、广安、泸州和宜宾 5 个水稻主产市的水稻种植户进行了问卷调查和案例访谈。通过问卷调查法获取了样本农户在数字技术运用、绿色技术采纳及农业生产经营效益方面的相关数据，通过半结构化访谈考察了数字技术对农户绿色技术采纳的赋能情况。

1.3.1.3 比较分析法

比较分析法在本书中的应用主要体现在两个方面。其一，比较分析数字赋能对农户绿色技术采纳的影响在不同绿色技术类别、不同区域环境以及不同行为主体中的异质性特征。其二，比较分析不同数字赋能程度和不同收入水平下农户绿色技术采纳带来的经济效应差异。

1.3.1.4　计量分析法

计量经济学实证研究方法是在大样本数据的基础上，从统计学的角度来检验研究假设，为变量之间的因果关系提供强有力的经验证据。本书基于实地调查数据，综合运用最小二乘法估计（OLS）、Ordered Probit 模型、控制方程法（CFM）、倾向得分匹配法（PSM）、中介效应模型、内生转换模型（ESR）、分位数回归（QR）等多种计量方法，科学、客观、严谨地探讨数字赋能对农户绿色技术采纳及其经济效应的影响。

1.3.1.5　案例研究法

案例研究法是研究者对所甄选的具有典型性的样本农户，通过特定的设计逻辑、资料和数据收集方法，基于多重证据来源进行系统性分析和研究得出的相同结论。本书的典型案例分析主要是对理论和实证分析部分的问题进行再检视，试图从典型案例中剖析数字赋能对农户绿色技术采纳的作用机理，探寻数字赋能下推进农户绿色技术采纳并实现农户节本增收的实现路径，从典型案例分析中获得较为具体、全面的观点与结论，与理论和实证分析结果形成呼应。

1.3.2　数据来源

本书立足数字赋能视角探讨农户绿色技术采纳的影响机制问题，使用的数据主要涉及由实地调研采集的一手数据，以及从统计年鉴、政府网站、官方媒体等多种渠道获取的二手数据，具体数据来源如下：

一手数据主要来源于实地调查研究。四川省是我国重要的水稻生产大省之一，水稻年产量常年保持在 1 500 万吨左右，居全国第七位。水稻绿色安全生产直接关系到国家粮食安全和人民身体健康，其生产过程涉及多种绿色生产技术，包含绿色耕种技术、绿色病虫害防控技术、绿色施肥技术、绿色灌溉技术和绿色废弃物处理技术等（吴雪莲，2016）。鉴于此，为深入探讨数字赋能对农户绿色技术采纳的影响，笔者以水稻种植户为主要研究对象，以四川省为主要调查区域，根据各市州历年的水稻生产数据，采用分层随机抽样的方法选取主要市、县（区）和乡镇进行调研。本次调研于 2022 年 8 月至 10 月开展，主要对 2021 年从事了水稻种植的农户进行问卷调查，所调查的数据资料均来自 2021 年的水稻生产周期。总的来看，本书所使用的微观数据具有较高的真实性、准确性和可靠性，其收集整理主要经历了以下三个阶段：

1.3.2.1 问卷设计

科学的问卷设计是有效获取微观调研数据的基础。为收集数字赋能视角下四川省稻农绿色技术采纳的相关数据，笔者在前期的文献梳理、研究框架设计和计量模型构建的基础上，详细归纳整理出本书的微观数据需求，并有针对性地设计了一套关于数字赋能和农户绿色技术采纳的调查问卷。具体而言，2021 年 10 月至 12 月期间，笔者就在广泛参考借鉴现有文献资料的基础上，开始了调研问卷的初步设计，经过与笔者导师的多次讨论、修改与完善，最终于 2021 年年底形成问卷初稿。此后，根据论文开题过程中各位专家提出的宝贵建议，对论文的研究结构与内容进行优化调整，并再次对问卷进行修正。最后，笔者于 2022 年 8 月组织课题组成员展开预调研，并根据预调研中遇到的实际问题，有针对性地对问卷进行修改完善，形成了问卷的最终定稿。

1.3.2.2 调研准备与开展

为保证数据收集质量，笔者于调研前进行了缜密的调研方案设计与安排。调研准备阶段主要包含以下四个方面的内容：第一，调研地区的选取。通过查阅相关文献资料，对四川省各市州的水稻种植情况进行大致了解，并采用分层随机抽样的方法选取主要市、县（区）和乡镇。最终，以四川省为主要调查区域，选取了成都、绵阳、广安、泸州和宜宾 5 个水稻主产市，从每个市选取 1~3 个水稻主产县，再从每个县随机选取 1~3 个乡镇进行实地调研。第二，确定调研对象。以种植水稻的小农户、种植大户和家庭农场为主，在每个调研村随机抽取 15~25 户农户进行访问。第三，确定调研内容与方式。主要以问卷调查与案例访谈为主，问卷调查由调研员通过一问一答方式填写，案例访谈则由调研员选取在数字技术和绿色农业技术方面运用较多的农户进行一对一开放式访谈，并在取得被访者同意的情况下进行录音。第四，调研培训。调研前，对调研员进行了为期一天的调研培训，包含调研目的、问卷内容、调研方式、注意事项等的培训指导，严格保障调研员的调研能力。第五，展开问卷调研。调研中，保证每天完成当天问卷的核查，确保数据的准确性，并进一步根据实际情况优化调整问卷。

1.3.2.3 数据整理与清洗

数据收集完成后，笔者在第一时间组织课题组成员进行了数据整理工作，针对数据录入系统过程中发现的问题，及时通过电话回访进行核实纠正。经整理，本次调研一共获取水稻种植户的总样本数量为 630 份，通过数据清洗去除少量无效问卷后，最终获得有效问卷 608 份，问卷有效回收率达 96.51%。具体各地区数据收集情况如表 1-1 所示。此外，调研团队还选取了 20 户典型农户展开一对一深度访谈，对每位访谈对象进行了约 30 分钟的访谈并录音，最终共获取了 18 份符合条件的一手访谈资料。

表 1-1　各地区调研数据收集情况

地区	发放问卷数量	有效问卷数量	问卷有效率/%
成都市	150	141	94.00
绵阳市	100	97	97.00
广安市	115	113	98.26
泸州市	120	117	97.50
宜宾市	145	140	96.55
合计	630	608	96.51

注：数据资料来源于调研问卷的整理统计。

二手数据主要来源于统计年鉴和网络数据收集。相关数据主要来自历年的《中国统计年鉴》《中国农村统计年鉴》《中国农业年鉴》《中国农业统计资料》《绿色食品统计年报》《中国数字经济发展白皮书》以及各省市统计年鉴等。此外，还有部分数据资料通过国家统计局、农业农村部、中国信通院和各地方政府官方网站等渠道整理获得。

1.4　技术路线与文章结构安排

1.4.1　技术路线

结合上述研究目标和内容，本书主要按照"提出问题—分析问题—解决问题"的逻辑结构展开。首先，在广泛梳理相关研究背景和文献资料的基础上，凝练科学问题，明确本书的目标与意义；其次，通过理论分析搭建本书的理论研究框架，并通过定量实证和定性案例分析对研究理论进行验证；最后，根据研究结论，提出政策启示。本书的具体技术路线图如图 1-2 所示。

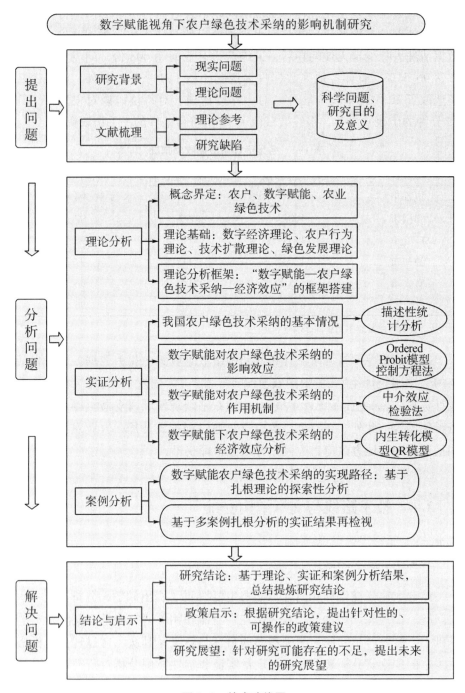

图 1-2　技术路线图

1.4.2　文章结构安排

根据前文所预设的技术路线图，本书的整体结构安排如下：

第1章，绪论。本部分主要介绍了研究的背景与意义，明确了研究的目标与内容，阐释了主要涉及的研究方法和数据来源，设计了本书的技术路线和整体文章结构，并提出了本书可能存在的创新之处。

第2章，相关概念与文献综述。本部分重点对研究涉及的核心概念进行界定，并通过系统广泛的文献梳理，总结当前相关研究现状，明确当前研究的贡献与不足，为本书的顺利开展提供经验借鉴和方向指引。

第3章，理论基础与分析框架。本部分首先对数字经济理论、农户行为理论、农业技术扩散理论和农业绿色发展理论等的发展历程和基本内容进行梳理总结。在此基础上，进一步从理论上分析数字赋能对农户绿色技术采纳的影响机制，探讨数字赋能视角下农户绿色技术采纳的经济效应，最终搭建"数字赋能—农户绿色技术采纳—经济效应"的理论分析框架，为后续研究提供理论支撑。

第4章，农户绿色技术采纳的历史追溯与现实考察。本部分首先从宏观视角梳理我国农业绿色发展历程，总结各阶段农户绿色技术采纳的基本特征，然后根据微观调研数据，阐述了样本区域农户的个人特征、家庭特征和环境特征，揭示了样本农户的绿色技术采纳现状。

第5章，数字赋能对农户绿色技术采纳的影响研究。本部分在理论分析的基础上提出了研究假设，介绍了模型设定和变量选取情况，并利用微观调研数据实证检验了数字赋能对农户绿色技术采纳的影响效应及其异质性。

第6章，数字赋能对农户绿色技术采纳的作用机制研究。在明确数字赋能对农户绿色技术采纳的影响效应的基础上，本部分重点从农户绿色技术采纳认知和区域软环境两方面实证检验了数字赋能对农户绿色技术采纳的作用机制。

第7章，数字赋能视角下农户绿色技术采纳的经济效应研究。首先，本部分阐释了数字赋能促进农户绿色技术采纳经济效应提升的理论依据，并提出了相应的研究假设；其次，详细介绍了本部分的实证模型设计与变量选取情况；最后，通过计量模型实证检验了农户绿色技术采纳的经济效应，并进一步对比分析了数字赋能视角下该经济效应的异质性。

第8章，数字技术赋能农户绿色技术采纳的实现路径：基于扎根理论的探索性分析。在明确探讨的关键问题的基础上，首先，本部分介绍了研究涉及的方法与资料收集情况，并对研究过程进行了详细阐述；其次，利用程序化扎根理论方法对收集的案例资料进行逐级编码，归纳总结出数字技术赋能农户绿色技术采纳的基本内涵和实现路径；最后，将扎根分析结论同实证结果进行对比分析，丰富和充实本书的研究结论。

第9章，研究结论与政策启示。首先，本章总结全文研究结论，并根据研究结论提出有针对性的政策启示，最后针对本书仍存在的不足提出进一步的研究展望。

1.5 研究的创新之处

本书以四川省水稻种植户的微观调查数据为例，尝试从数字赋能视角探讨农户绿色技术采纳行为的影响机制及其经济效应，与现有同类研究相比，本书主要的创新之处有以下三个方面：

（1）从数字赋能视角深入探讨了农户绿色技术采纳的新机制与新路径。现有研究从传统经济学视角对农户绿色技术采纳行为展开了大量探讨，在一定程度上促进了我国农户的绿色技术采纳。然而，受制于农户自身能力以及绿色农业技术难获取、高成本、高风险等属性，当前我国农户绿色技术采纳面临能力与动力不足的障碍，基于传统经济学理论的农户绿色技术采纳激励措施表现乏力，亟须从新视角找到推进农户绿色技术采纳的突破口，以顺利实现我国农业绿色化转型。本书立足我国数字经济与农业产业深度融合发展的大趋势，结合数字经济理论，尝试从"数字赋能—绿色技术采纳认知—绿色技术采纳"和"数字赋能—区域软环境—绿色技术采纳"两条路径探索破解农户绿色技术采纳乏力的新机制，为促进农户绿色技术采纳提供了新思路，在研究视角上具有一定的创新性。

（2）搭建了"数字赋能—农户绿色技术采纳—经济效应"的理论分析框架。现有关于数字赋能的研究主要集中于制造业和服务业领域，较少涉及农业领域，针对数字赋能对农户绿色技术采纳影响的研究还较为匮乏。本书将数字赋能、农户绿色技术采纳及其经济效应纳入同一分析框架，详细阐述了数字赋能对农户绿色技术采纳的影响机理，以及数字赋能视角下农户绿色技术采纳的经济效应，并采用多案例质性分析的方法，从实践层面探索数字赋能影响农户绿色技术采纳的机制和路径，与实证结果形成印证，对数字赋能和农户绿色技术采纳的理论与实践进行了拓展，在研究内容上具有一定的创新性。

（3）从定量和定性两个方面深入剖析了数字赋能对农户绿色技术采纳的影响。一方面，基于微观调查数据，本书综合运用普通最小二乘法、Ordered Probit 模型、控制方程法、倾向得分匹配法、中介效应模型、内生转换模型、分位数回归等多种计量方法，实证检验了数字赋能对农户绿色技术采纳的影响机制，并深入分析了数字赋能视角下农户绿色技术采纳的经济效应。另一方面，基于农户绿色技术采纳的实践案例资料，本书通过程序化扎根理论分析方法，从定性视角进一步探讨了数字技术赋能农户绿色技术采纳的基本内涵与实现路径。将传统计量分析方法和扎根理论分析相结合，有助于更加全面系统地揭示数字赋能对农户绿色技术采纳的影响，在研究方法运用上具有一定的创新性。

2 相关概念与文献综述

对研究涉及的核心概念和历史文献资料进行系统梳理是本研究得以顺利开展的前提和基础。为更好地完成研究内容和实现研究目标，本章在对农户、数字赋能、绿色农业技术等核心概念进行科学解读的基础上，从数字经济、数字赋能、农户绿色技术采纳等层面展开文献梳理，总结现有研究的贡献与不足，为本研究的顺利开展提供经验借鉴和方向指引。

2.1 相关概念界定

2.1.1 农户

农户是迄今为止最古老、最基本的集经济和社会功能于一体的单位和组织，它既是以姻缘和血缘关系为纽带的社会组织，又是从事农业生产经营活动的经济组织（White，1981），是农业经济的基本单位（叶敬忠 等，2019）。其特征主要有两个方面，一是农业生产主要依靠家庭劳动力，二是剩余控制权由家庭所有（尤小文，1999）。农户的内涵非常丰富，现有研究主要从职业、居住区域、身份三个维度出发对农户进行概念界定，农户是常年居住于农村地区，以从事农业生产为主自给自足的户籍单元，其在政治、经济权利方面处于相对弱势地位（史清华，1999；翁贞林，2008）。此外，还有学者提出主要依靠自身劳动力进行农业生产，产出主要用来满足家庭消费的家庭农场就是农户（恰亚诺夫，1996）。

研究者对农户内涵的不同理解形成了农户概念界定的差异，在不同的社会经济条件下，人们对农户内涵的理解也不同。就我国而言，新中国成立之前，小农户就是家庭农场（黄宗智，1986）。随着社会生产力的进步，农户将家庭剩余劳动力转向非农就业，兼业农户由此产生，农户内涵得到丰富（贾琳，2017）。伴随社会经济进一步发展，城镇化进程加快，一部分农户完全放弃农业经营，从事非农就业。一部分继续从事农业经营的农户通过流转、承包等形式取得这部分闲置土地，使得农户经营规模不断扩大，经营规模较大的专业大户和家庭农场由此形成，农户内涵进一步丰富和发展（翁贞林，2009）。

综合现有研究对农户概念的不同理解，立足我国农业发展的现实情况，本书将农户的概念界定为：以血缘关系为纽带，具有农村户籍并享有农村土地承包经营权的农民家庭，以家庭为单位集中使用家庭资源从事农业生产经营活动，共享农业经营收益的社会经济组织，既包含普通小农户，也包含从事规模经营的专业大户和家庭农场。

2.1.2 数字赋能

2.1.2.1 数字与数字技术

数字原指用于表示数的书写符号，但在现代信息技术和大数据语境下，数字主要指人们在生产生活中使用智能设备产生的数据集合（杨嵘均等，2021）。数字技术是基于电子计算机、手机等设备将各种信息处理转化为供电子计算机识别的二进制数字，进而实现信息的加工、处理、储存、传输与表达的科学技术，包含移动互联网、物联网、大数据、云计算和人工智能等诸多技术（王贤梅，2018；周瑜，2020）。随着数字技术革命的发展，数字技术的内涵也在不断丰富。早期的研究者认为，数字技术是将信息标准化并允许组织快速编码、存储、形式化和分发知识的通信技术（Markus et al.，2005；Williams et al.，2009），主要包含设备、网络、服务和内容四个方面（Yoo et al.，2010）。计算、存储、微电子硬件和软件应用程序的改进提高了新一代信息通信技术的能力（Bharadwaj et al.，2013），部分研究者认为数字技术是指改进了的信息通信技术，包含数字硬件等物理部分，也包括网络连接、访问和操作等逻辑部分以及数据、产品、平台等结果部分（郭海和杨主恩，2021）。就数字技术在农业领域的运用而言，数字技术主要是指基于电子计算机、手机、传感器等数字硬件设备，通过互联网、物联网、云计算等实现农业生产经营数字化的技术。

2.1.2.2 赋能

赋能，即赋予某种能力和能量。赋能最初是心理学上的概念，之后这一概念被广泛用于组织学、社会学、管理学等多学科理论中，是一种用于提高个体或组织绩效的新范式，其原始的内涵强调的是权力的下放、让渡或委托等相关管理行为（Wilkinson，1998；McChrystal et al.，2015），指个体或组织在一定的条件下对客观现实环境拥有更强的控制能力来取代乏力感的过程，并通过相关实践活动来实现自我效能提升的目的（Perkins et al.，1995）。赋能是满足自我实现和现实需求的一种机制，能够促进形成积极的内在激励以得到更好的绩效（Wilkinson，1998）。有研究认为，赋能不是一个单一结构的概念，其内涵具有形式多样、多维可变等特征，通常从结构赋能和心理赋能两方面进行理解（Spreitzer et al.，2005）。结构赋能是指通过改善客观的外部环境（如组织、制度、文化等），能赋予个体或组织相应行动的能力（Thoma et al.，1990；Leong et al.，2015）。心理赋能指通过改善社会心理、内在认知可以增加个体的自我效能，激发其行动的内在潜力（Thoma et al.，1990）。

2.1.2.3　数字赋能

数字赋能是伴随数字技术的出现而被提出的新理论命题，是数字信息时代对赋能理论的丰富与拓展。数字赋能的本质是"数字技术"赋能（杨嵘均 等，2021；李燕凌 等，2022）。当前已有不少学者对数字赋能的内涵进行研究，但仍未形成一个统一的定论。有学者认为数字赋能是指大数据、移动互联网等技术赋予个体或组织解决问题的能力（Hermansson et al.，2011），包括分析能力、智能能力与链接能力（LENKA et al.，2017）。《2016 年世界银行发展报告：数字红利》指出，数字赋能是数字技术在推广运用过程中促进效益提升的过程。还有学者认为数字赋能是在大数据、移动互联网等新一代数字技术的使用下，赋予个体或组织一种新的生产函数，使其在产品、市场、生产方式等方面获得变革性能力（张国胜 等，2021）。

如图 2-1 所示，综合现有关于数字与数字技术、赋能和数字赋能的相关内涵研究成果，结合本书的研究对象与分析框架，本书认为数字赋能是指基于电子计算机、手机、传感器等数字硬件设备，通过互联网、物联网、云计算等数字网络实现农业生产经营数字化，从内部心理和外部环境赋予农户分析、解决农业现实问题的能力，从而帮助农业生产经营者更加高质高效地进行农资购买、农业生产和产品销售等活动的过程。

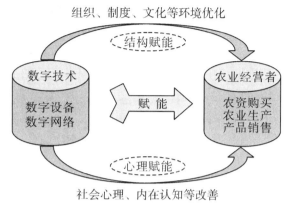

图 2-1　数字赋能概念图

2.1.3　绿色农业技术

技术是为实现某一目标而共同协作组成的各种工具与规则体系，通过一定的技术，人们可以更高效、更轻松地完成相应的活动（Ghadiyali et al., 2012）。就农业领域的技术而言，农业技术有广义和狭义之分。广义农业技术是指人类在农业生产实践与科学实验中形成的所有知识和技能的总和。狭义的农业技术是指农业生产中的技能，如育种技术、管理技术，以及以知识为基础的物化产品，如农药、化肥等（傅新红，2004）。农业技术是连接农业科学与生产实践的纽带，是促进农业生产力持续发展的核心要素。

绿色农业技术不仅能生产出优质无污染的绿色农产品，还能减少农业活动对环境的破坏，又被称为循环农业技术、低碳农业技术、环境友好型技术、可持续农业技术（杜艳艳和赵蕴华，2012；吴雪莲，2016）。绿色农业技术在传统常规农业技术的优点上增加了减量、高效、低污染的特征（Behera，2012），其内涵主要是指为生产出优质无污染的绿色农产品，减少农业活动的生态环境破坏，而在农业产前、产中、产后等环节采取的各种农业技能、工具和规则体系的集合，如绿色品种技术、绿色防控技术、有机肥技术、秸秆还田技术等（吴雪莲 等，2017）。

综合关于农业技术和绿色农业技术的现有研究，本书认为，农业绿色生产技术是指在农业生产经营过程中，为保护农业生态环境、提高农产品品质而采取的资源节约、环境友好的农业生产技术，如绿色施肥技术、绿色病虫害防控技术等。粗放的农业发展方式导致我国农业成为面源污染最广泛的行业，其深度和广度都远超发达国家，成为我国农村生态环境污染的主要原因（温铁军，2007；文传浩 等，2008）。而农业面源污染主要是指农业生产各环节中所使用的农药、化肥、农膜等产生的溶解或固体的污染物对水体、土壤等造成的污染（罗倩文 等，2020）。因此，结合水稻生产实际情况，本书的农业绿色生产技术采纳主要涉及水稻生产的产前、产中和产后三个环节，包含绿色耕种、绿色病虫害防控、绿色施肥、绿色灌溉和绿色废弃物处理五大类绿色生产技术。

2.2 文献综述

2.2.1 数字经济的相关研究

近年来，随着互联网信息技术的不断发展，数字信息技术广泛运用于传统产业，颠覆了传统经济发展理论和实践模式，催生出了一种全新的经济发展模式——数字经济。随着数字经济实践的深入发展，越来越多的学者开始对数字经济进行理论研究。数字经济本质上是现代数字技术对传统经济模式赋能的结果，系统掌握数字经济的相关研究前沿，对本书关于数字赋能的分析具有重要的指导意义。因此，本部分综述将重点对数字经济的内涵与特征、数字经济的发展历程、数字经济与实体经济的融合发展三个方面的相关研究进行梳理总结。

2.2.1.1 数字经济的内涵与特征

数字经济又称"智能经济"，是一种依托大数据和互联网技术的新经济形态（李天宇 等，2021）。1996 年，Tapscott 首次提出"数字经济"的概念，较系统地阐述了网络化效应对社会经济发展带来的深刻变革，以及如何在新经济的时代背景下，利用新技术帮助新企业谋求成功。同年，Negroponte 在其出版的《数字化生存》中阐述了数字化、信息化给人的生存方式带来的巨大变化。对于数字经济的概念界定，国内外学者有着诸多探讨，但主要集中在三种观点。一种观点比较简单地认为数字经济是一种系统，数字经济的最早定义就是以 ICT 及其基础设施、电子商务的广泛使用为特征的经济系统（Afonasova et al.，2019），以信息和通信技术的数字化为关键生产要素，基于数字基础设施，构建一个数字网络，变革实体行业的业务形式，实现生产经营活动、生活消费活动数字化的同时，也对经济结构和发展方式产生深远影响（张雪玲和吴恬恬，2017）。第二种观点认为数字经济是"所有与互联网设备生产、服务提供和网络应用相关联的活动"（夏炎 等，2018），以互联网信息技术为基础，通过交易、交流、合作等的数字化，推动经济社会的发展与进步（逄健 等，2013；Chen，2020）。最为典型的代表是 Mesenbourg。进入 21 世纪以来，Mesenbourg（2001）重新解读了数字经济的内涵，他认为数字经济可以拆解成三个层次，从低级到高级分别是数字交易的基础设施、数字交易流程和电子商务，是一种从简单的网络交互到深层次数字化交易的网络活动。第三种观点将数字经济界定为数字平台、基于平台的商业模式和数字技术起关键作用的一种发达经济形式（Akaev et al.，2019）。综合以上观点，G20 杭州峰会在《二十国集团领导人杭州峰会公报》中对数字经济的定义做了较为系统全面的阐释，即"以数字化的知识和信息作为关键生产要素，以数字技术为核心驱动力，以现代信息网络为重要载体，通过数字技术与实体经济深度融合，不断提高数字化、网络化、智能化水平，加速重构经济发展与治理模式的新经济形态"[①]。《数字经济及其核心产业统计分类》进一步拓展了数字经济的基本概念内涵和管理外延，提出数字经济是以利用数据信息资源为关键生产要素、以信息网络技术为重要信息载体、以对现代信息源和通信网络技术的有效利用为促进经济管理效率不断提升和推动经济组织结构不断优化提供重要驱动力的一系列数字经济管理行为[②]。

数字经济是技术、组织和制度相互作用过程中的宏观经济涌现，是以数字技术优化资源配置为导向的人类经济活动高度协调和互动所塑造的新经济模式（张鹏，2019）。数字经济具有跨界融合、创新驱动、重塑结构和万物互联的基本属性（祁怀锦 等，2020）。数字经济与实体经济的融合创新发展不仅可以催生新模式、新业态，还有助于形成互联互通的新市场，提升产业融合发展的快捷性、高渗透性及边际收益递增性（刘淑春，2019）。不同于传统经济模式只强调质量、数量和价格，数字经济的差异化、服务化和敏捷化属性更加明显（Goldfarb et al.，2019；殷浩栋 等，2020）。进入数字时代，为进一步满足人们日益增长的精神和心理诉求，

---

① 资料来源于 http://www.rmzxb.com.cn/c/2016-09-06/1018943_4.shtml。
② 资料来源于国家统计局官网 http://www.stats.gov.cn/xxgk/tjbz/gjtjbz/202106/P020210 604507167462145.docx。

产品与服务的创新要求不断提升（Ben et al.，2020；Popkova et al.，2020）。数字经济相关产品与服务更要求具备同人性和心灵的契合，以满足人们丰富多样的精神文化需求（张晓，2018）。同时，数字经济在供需双方均具有较好的规模经济效应，可以有效增加消费者剩余（唐要家，2020）。作为一种全新的"技术—经济范式"，以大数据为关键要素，数字经济的独特技术属性有助于突破市场交易的时空限制，形成跨界融合、去中心化的市场组织体系（徐梦周 等，2020；李天宇 等，2021）。

2.2.1.2　数字经济的发展历程

数字经济概念提出的时间较短，但其发展历史可以追溯到20世纪40年代信息经济的起源。数字经济源于信息技术驱动，从世界上第一台电子计算机的诞生到全球互联网的出现，从冯·诺依曼结构的提出到云计算、云网端的全新架构，数字经济的发展始终伴随着信息技术的进步（王晓波，2013）。因此，有学者将信息经济、互联网经济和数字经济看作不同时期以信息技术为核心动力的新经济模式的不同表现，数字经济是信息经济和互联网经济的延续和发展（刘丹丹，2018；许宪春 等，2020）。从20世纪40年代兴起的信息经济开始溯源，数字经济的发展历程大致可分为五个时期，即以世界上第一台计算机的诞生为标志的萌芽孕育期、以个人电脑推广普及为标志的起步成长期、以互联网的出现为标志的快速发展期、以移动互联网的出现为标志的全面覆盖期、以数字技术为标志的转型调整期（张辉 等，2019）。也有学者认为数字经济可划分为两个时代，分别是20世纪70年代以来以信息通信技术为基础的数字经济1.0时代和当前以大数据、人工智能为标志的数字经济2.0时代（杨虎涛，2020）。

相较于欧美发达国家，中国数字经济起步较晚，具有独特的数字经济发展历程，不少学者对中国的数字经济发展历程进行了梳理，并普遍认为中国数字经济经历了三个主要阶段，但并未得出一致的阶段划分标准。有学者指出1994—2002年中国与国际互联网连接是中国数字经济的萌芽期，2003—2012年中国互联网用户快速增长是中国数字经济的高速发展时期，2013年至今中国进入移动端时代是数字经济的成熟期（唐玉爽，2018）。焦帅涛 等（2021）从数字经济研究视角将我国数字经济发展划分为三个时期：一是20世纪90年代国外相关理论及研究成果的学习引进期；二是2000—2010年关于内涵界定、行业界定等数字基础层面的研究阶段；三是2010年至今数字经济的全面研究阶段。张晓（2017）认为中国数字经济发展历程主要包含三个时期：基于互联网应用的电子商务时期、基于移动互联网的"互联网+"时期和基于物联网和云计算、人工智能等的智慧互联时期。

综合上述文献梳理，结合马文彦 2017 年所著的《数字经济 2.0》以及同年中国信息通信研究院发布的《中国数字经济白皮书》，本书认为根据 20 世纪 90 年代互联网的出现为节点，可将数字经济划分为信息经济和数字经济两大阶段，根据各阶段特征又可进一步划分为信息经济 1.0（20 世纪 40 至 70 年代）、信息经济 2.0（20 世纪 70 至 90 年代）、数字经济 1.0（20 世纪末至 2010 年）和数字经济 2.0（2010 年至今）四个阶段（详见表 2-1）。

表 2-1　数字经济发展阶段

发展阶段	技术创新	信息传播主体和载体	特征
信息经济 1.0	晶体管电子计算机和集成电路的发明	有线电视和有声广播	人类的知识和信息处理能力大幅提高，数字技术对经济生活的影响初步显现
信息经济 2.0	大规模集成电路和微型处理器的发明	计算机、有线电视、有声广播	数字技术加快扩散，数字技术与其他经济部门交互发展不断加速
数字经济 1.0	互联网和移动互联网技术的普及应用	计算机、手机、互联网	数字技术加快为传统经济部门服务，"数据"开始体现价值（数字产业化）
数字经济 2.0	大数据、云计算、物联网等的应用	智能手机、物联网、区块链	传统产业智能化升级，新兴数字产业不断发展，"数据"成为核心要素（产业数字化）

2.2.1.3　数字经济与实体经济的融合发展

数字产业化和产业数字化是数字经济的两个重要方面，也是数字经济与实体经济融合发展的重要路径（李永红，2019）。数字化产业变革反映了新一代信息技术的创新应用、渗透融合，推进了新业态、新产业和新模式的发展（张雪玲和吴恬恬，2019；Kim et al., 2020）。数字产业化和产业数字化的发展是否协调、结构是否匹配，关系到我国数字经济能否健康快速发展，不少学者分别从数字产业化和产业数字化视角开展相关研究（薛洁 等，2020）。

（1）数字产业化

数字产业化是数字经济的技术基础和产业先导，是指基于数字技术的产品与服务变革，可以为数字经济发展提供产品、服务和解决方案等，涉及电子信息制造业、信息技术服务业、互联网行业等（Goldfarb et al.，2019；Chen，2020；杜庆昊，2021）。新一代数字技术的运用把技术优势转化为经济和产业优势，催生出以数据为核心生产要素的新经济发展模式，打造出数字化产业链条，并最终形成数字化产业集群（覃洁贞 等，2020；刘钒 等，2021）。数字产业化包括但不限于 5G、人工智能、大数据、云计算、区块链等技术产品和服务（李永红 等，2019）。数字产业化是新一代信息技术的发展方向，伴随着理论的突破和技术的创新，新型数字产业体系正快速形成。从产业生命周期视角来看，当前数字产业化处于从发展向稳定过渡的阶段，加快数字产业化有助于保障数字技术安全，调整数字产业布局，释放数字技术价值（杜庆昊，2021）。近年来，我国数字产业化已取得一定的成绩。统计数据显示，2019 年我国数字产业化增加值同比增长 11.1%，数字产业规模进一步扩大，同时软件和互联网行业比重逐年增加，数字产业结构不断优化。然而，产业扶持不足、发展基础落后、融合发展能力薄弱、数字人才缺乏等问题依然存在，不利于我国数字经济的进一步发展（吴湘玲，2020）。

（2）产业数字化

作为新时代先进生产力的代表，数字经济对社会再生产的各个环节都产生了变革作用（Marshall et al.，2020；Turina，2020）。当前数字经济在中国的发展面临着数字化工具不足、数字转型策略匮乏和数字人才缺失三大挑战（洪小文，2019）。数字经济在中国的发展亟待转型，主要是通过数字经济和传统产业结合，表现为数字技术对农业、工业、服务业等传统产业的改造（孙德林 等，2004）。通过向创新驱动转变、向智能制造转变、向"大平台＋小企业"的组织形式转变三个方面实现传统产业改造升级（王姝楠 等，2019；Amuso et. al，2020）。数字技术与传统产业结合可以实现 GDP 绿色快速发展、实现消费结构转型、提升人力资本质量、转变经济发展动能和模式（鲁春丛，2018）。随着数字化程度加深，我国传统产业数字化转型实践中主要面临关键核心零部件研发不足、市场应用前景不明朗，投资压力较大、专业人才缺失等现实问题（吕铁，2019；盛磊，2020；Chen，2020）。应从夯实基础设施建设、充分有效利用数据资源、加强技术创新力度、深化融合应用和营造宽松环境来更好地促进数字经济的产业化数字转型（张亮亮 等，2018；张春飞，2019）。具体而言，通过互联网的发展应用，促进数字制造业发展，推进传统产业与数字技术的融合，最终催生出新业态、新模式，就是传统产业的数字化过程（陈建军，2020），即通过新兴数字技术，充分释放数据这一关键要素的价值，对传统产业各环节展开彻底的数字化升级与改造的过程（陈金丹 等，2021）。

产业数字化表现为融合驱动模式，是传统产业基于数字技术的全产业链转型升级，包含生产要素、业务流程和最终产品的数字化（肖旭 等，2019；刘钒 等，2021）。传统的产品和服务形态、企业组织形态和产业组织结构在产业数字化过程中产生变革（刘洋 等，2020），对经济发展模式、产业创新过程等都具有深刻影响（Nambisan et al.，2017；刘启雷 等，2021）。从具体产业来看，产业数字化包括数字技术与农业的加速融合、制造业数字化转型升级、现代服务业数字化创新发展（Kim et al.，2020；Watanabe et al.，2018）。易加斌等（2021）认为数字经济与农业产业融合所产生的乘数效应在农业产业的结构优化、效率提升、成本节约等方面都具有促进作用。武晓婷（2021）测算数字经济与制造业的融合度发现，数字经济对制造业生产具有重要的间接贡献。曹小勇（2021）认为数字经济能有效促进服务业数字化转型，提升服务业创新效率，有助于打造出具有跨界融合和精准匹配能力的数字化服务业。

2.2.2　数字赋能的相关研究

随着数字技术在农业农村的推广运用，数字化越来越成为农业关键生产要素之一，为传统农业的发展带来新业态、新方向和新动能。数字经济应用环境下，许多传统农业问题有了新的解决思路和方案。本书旨在分析数字赋能对农户绿色技术采纳的影响，系统梳理总结当前关于数字赋能的文献资料对本书的顺利开展具有重要的指导意义。结合现有国内外相关研究资料，本部分将从数字赋能的机制、现实困境与实现路径三方面进行文献梳理。

2.2.2.1　数字赋能的机制分析

大数据、人工智能、云计算与移动互联网等新兴数字技术快速渗入经济社会各个层面，给经济社会活动带来了颠覆性变革，数字赋能的机制逐渐引起了学者们的关注。综合来看，现有研究主要从微观、中观和宏观三个层面对数字赋能的机制进行了分析。

从微观层面来看，数字技术主要从结构赋能、心理赋能和资源赋能三个维度重构和整合现有资源，为个人或组织提升现有能力或构建全新能力（Kenneth et al.，1990；Jacques，1995；Carmen et al.，2015；池毛毛 等，2020）。结构赋能指数字技术通过改善客观外部条件从而使个人或组织提升相应的行动能力。张国胜等（2021）研究发现数字技术通过充分挖掘利用数字信息资源，减少信息传递的中间环节，提升信息传递效率，降低信息搜寻获取成本，能优化资源配置，降低创新和生产成本，提升劳动力水平。刘启雷等（2021）研究认为数据不仅可以通过跨界整合与空间融合传统生产要素，提升产品供给能力，还可以破解数据孤岛使消费者从多维度、多层次参与产品创新与价值创造，实现供需精准匹配。祁怀锦等（2020）认为数字技术通过拓宽企业获取信息的深度和广度，能减少信息不对称，降低其决策行为的非理性程度，从而提升其经营管理能力。心理赋能强调数字技术对社会心理和内在激励的改善，从内部激发个人或组织的行动能力。刘婷等（2021）从数字赋能新零售的视角研究认为数字技术可以丰富消费者场景、准确匹配消费者需求、增强供需互信以及提升产品和服务的品质，从而能更好地满足消费者诉求，增强消费者的购买欲望。谢绚丽等（2018）研究认为数字技术使金融机构能以较低的成本对信贷需求进行风险评估，降低金融机构与信贷需求者之间的信息不对称，增加金融机构对信贷需求者的信任水平，有助于信贷需求者获得融资。资源赋能的相关研究认为数字技术可以提升个人或组织获取、控制和管理资源方面的能力。杨嵘均等（2021）认为封闭落后的广大乡村地区使农户与新知识、资源、市场和机会之间有着天然的时空障碍，数字技术可以打破农村的信息困境，为"三农"赋能，实现城乡之间、区域之间和行业之间的数据信息交换，提升农户资源、知识、机会的获取能力。秦秋霞等（2021）认为受制于农业经营规模，农户缺乏与农资供应商、金融机构等讨价还价的能力，而数字技术能够实现农业资源的公开共享，打破资源流动壁垒，有助于农户提升在产业链中的话语权，增强其产业发展能力。

从中观层面来看，数字技术通过向产业内部渗透，对传统产业组织模式和产业结构产生变革，从而为产业发展赋能（任保平，2020；徐维祥等，2021）。一部分学者从制造业的视角研究发现数字技术可以优化资源配置、降低生产成本、促进企业创新，而数字基础建设水平、数字化产业发展水平和数字技术科创水平决定了数字技术与制造业的融合发展水平，对优化传统制造业的组织模式和产业结构，推动制造业转型升级具有重要影响（沈运红 等，2020；廖信林 等，2021）。另一部分学者从农业的视角研究发现数字技术与农业产业相结合，为农户提供了接触市场的平台，使其能及时掌握消费者需求变化，及时调整生产结构（齐文浩 等，2021）。同时，数字技术融入农业产业，给农业生产、加工、销售等环节带来巨大变革，颠覆了传统的农业生产经营管理模式（殷浩栋 等，2020）。此外，还有部分学者从服务业研究的视角发现，数字技术能推动服务业虚实结合，激发服务业模式创新，促进服务业创新升级，还能推动服务业上下游企业的整合，促进服务业与其他产业的跨界融合发展（曹小勇 等，2021）。楚明钦（2020）从农业服务业视角的研究指出，数字技术融入农业产前、产中、产后，解构和重塑了传统农业自给自足生产模式，有助于实现小农生产与现代农业的有机衔接。陈小辉等（2020）则从第一、二、三产业视角分析了数字赋能对中国产业结构水平的影响，研究表明数字赋能对中国产业结构水平具有显著的正向影响。

从宏观层面来看，数字技术主要通过减少资源要素的错配，优化资源配置的方式促进宏观经济的发展（任保平，2020；张永恒 等，2020）。学者们普遍认为，数据作为现代生产要素，能够与传统生产要素有机结合，嵌入产业链的各个环节，优化传统要素的投入方式，进而有助于克服传统生产要素的属性短板，有效提高资源配置效率和全要素生产率，从而推动宏观经济发展（张蕴萍 等，2021；李宗显 等，2021）。例如，范合君等（2021）研究发现，数字化对全要素生产率和技术效率的增长具有显著正向影响，教育水平和资本水平对这一关系具有调节作用。韩文龙（2021）从马克思主义政治经济学视角研究发现，数字技术对社会再生产过程中的生产、流通、分配和消费产生了变革，提升了资本周转与价值实现的效率，优化收入分配结构和消费结构，逐渐成为经济高质量发展的新动能。

2.2.2.2 数字赋能的现实困境

作为新的现代生产要素，数字的赋能作用已被广泛认可，但由于数字经济兴起发展时间较短，数字技术在为经济社会活动赋能的过程中还面临一定的挑战与困境。为充分发挥数字技术的赋能作用，学者们主要从以下几个方面分析了当前数字赋能面临的现实困境。一是当前我国在芯片、操作系统、工业软件等关键技术领域还相对落后，某些关键数字技术还受制于人，严重制约了我国数字经济的发展（盛磊，2020）；二是数字赋能需要一批专业化的具有数字素养的先进技术与管理人才，但当前数字领域的学科设置、专业发展等滞后于数字产业的发展，导致部分民众和利益相关者的数字素养不够，专业化数字技术人才匮乏，无法充分发挥数字技术的赋能作用（王伟玲，2019；曲甜 等，2020；文浩 等，2021）；三是数字基础设施落后，数字资源分布不均，数字鸿沟与"数据孤岛"并存。先进的数字基础设施是数字经济发展的基石（彭德雷，2020），受经济发展水平影响，数字基础设施、数字技术、数字人才等数字资源在我国广大的中西部地区，尤其是农村地区还相对落后，数字资源总体不足，且存在明显的东西区域差距和城乡差距，导致区域间和城乡间数字鸿沟的出现，被称为"一级数字鸿沟"（Strover，2001；杜振华，2015；殷浩栋 等，2020）。同时，受教育水平差异、经济地位差异等导致不同群体间拥有、获取、使用数字资源的差距，形成"二级数字鸿沟"（许庆红，2017）。此外，产业链上下游相关企业之间、产业与产业之间条块分割，数据信息连接受阻，形成了"数据孤岛"，阻碍数字技术对社会经济的赋能（任波 等，2021）。

2.2.2.3　数字赋能的实现路径

针对中国数字赋能实践中面临的困难与挑战，不少学者从核心技术突破、数字基础设施、数字人才、扶持政策、消除"数字鸿沟"等方面提出了数字赋能的实现路径。其中，李天宇等（2021）基于数字经济赋能"双循环"视角，认为可以从要素市场、基础设施、关键技术、市场需求、制度体系和数据共享等方面着手推进数字赋能。郭朝先等（2020）认为数字基础设施是实现数字赋能的先决条件，必须正确处理好传统基建与"新基建"之间的关系，为发挥数字赋能作用提供底层支撑。廖信林等（2021）研究认为，优化数字化转型发展环境、推进数字产业化与产业数字化、探索数字制造业企业发展新模式是实现数字技术为制造业赋能的重要路径。夏杰长等（2021）认为数字鸿沟是数字时代贫富差距的新表现，使数字经济的普惠和共享属性难以发挥，阻碍了数字赋能的广泛实现，应加强偏远地区的数字化建设，提升农民、老人等数字化程度较低人群的数字素养，减小区域之间、群体之间的数字鸿沟。秦秋霞等（2021）认为加强农村信息化设施建设、培育数字化农业新型人才、优化政策环境是推进数字赋能的重要路径与对策选择。盛磊（2020）则认为数字技术赋能产业高质量发展的实施路径主要包括布局新型基础设施，构建新型数字基础设施体系，推进技术协同创新，加快突破关键核心数字技术，拓展市场应用，培育一批数字经济领军企业。

2.2.3 农户绿色技术采纳的相关研究

近年来，随着我国居民生活水平的提升，人们对农业的需求已由温饱型需求向绿色、健康、安全型需求转变，传统依赖农药化肥投入的低质农业供给已经滞后于我国居民的消费升级的需求。广泛推广绿色农业技术，促进农业绿色化转型，是破解农业发展困境，满足人民美好生活需要的时代要求。农户是我国农业经营的主体，如何推进农户绿色技术采纳是学术界关注的焦点问题之一。从国内外相关研究资料来看，当前学者们主要从农户绿色技术采纳的影响因素与效应分析两个方面展开了大量的研究。

2.2.3.1 农户绿色技术采纳的影响因素

当前，关于农户绿色技术采纳行为影响因素的研究资料已相当丰富，大量学者尝试从不同视角分析了农户绿色技术采纳行为的影响因素。行为经济学理论表明，人类行为是有限理性的，在一定的环境影响下，人类依据自身有限的认知能力做出相对满意的行为策略（Simon，1956）。因此，现有相关研究主要从内外两方面分析农户绿色技术采纳行为的影响因素，即农户内在特质和外部环境对农户绿色技术采纳的影响（颜廷武 等，2017）。其中，农户内在特质主要包含农户内在认知和个体与家庭属性两方面，外部环境主要包含区域软环境和区域硬环境两方面（黄炎忠，2020）。

（1）农户内在特质对其绿色技术采纳的影响

第一，内在认知对农户绿色技术采纳的影响。根据行为经济学，在不确定性的条件下，加入意识形态、价值观念等心理因素的人类行为研究更为科学合理（潘丹 等，2015）。一部分学者认为农户绿色技术采纳的动力源自内化或认同的心理过程（李后建，2012），他们基于内在认知视角，主要从效益认知、风险认知和易用认知三个方面对农户绿色技术采纳的影响因素进行了探讨。

效益认知涵盖经济、社会和生态三个方面的价值认知，农户效益认知越强，越可能进行绿色技术采纳（Nordlund et al.，2002；颜廷武 等，2017；曹慧 等，2018）。作为理性经济人，谋取经济效益是农户绿色技术采纳的根本动力，农户对绿色技术采纳的经济效益认知将直接影响其技术采纳决策（唐林 等，2019）。经济效益认知是指农户对采纳绿色农业技术后需付出的成本和所能得到收益的综合心理预期。若农户预期绿色技术采纳有利可图，则其采纳绿色农业技术的意愿越强（杨彩艳 等，2021；张康

洁 等，2021）。处于乡土社会的差序格局中，农户具有错综复杂的社会关系，其绿色技术采纳行为不仅受经济效益认知影响，也受到自身社会属性的影响（颜廷武 等，2017）。根据马斯洛需求层次理论，人的需求会由低层次需求向高层次需求发展，当农户的生理与安全等低级需求得到满足后，农户会进一步追求情感、尊重和自我实现的高级需求（靳若琼和刘泰，2015）。因此，农户进行绿色技术采纳决策时，会将社会其他人的利益也纳入考虑，通过利他行为得到情感、尊重和自我实现等需求的满足（曹慧 等，2018；杨彩艳 等，2021）。此外，农业生态环境不仅影响农业生产，也影响人体的健康和安全，随着农户绿色意识的提升，生态认知越来越成为农户绿色技术采纳的重要因素之一（李想 等，2013；杨兴杰 等，2021）。生态认知是指农户绿色技术采纳对周边生态环境影响的认知，也指农户基于对生态知识、环境政策等的了解而形成的关于影响农村生态环境的生产方式和技术的认知，是农户生态环境保护能力与责任的体现（张红丽 等，2021）。

受农产品价格波动、自然灾害等因素影响，绿色农业技术采纳存在多重不确定性风险（Bougherara，2017），农户是利益追求者，也是风险规避者，其绿色技术采纳行为往往会将风险纳入考虑（高杨 等，2019）。风险认知是指农户对绿色技术采纳可能面临的不确定风险的主观判断，农户感知风险程度越大，其进行绿色技术采纳的意愿越小（黄季焜 等，2008；金影怡 等，2019）。多数学者将绿色技术采纳风险分为技术风险和市场风险（朱淀 等，2014）。技术风险是指由绿色农业技术操作难度大或施用效果不佳导致的减产风险；市场风险是指由市场信息不对称导致柠檬市场效应的风险，即农户采用绿色技术生产的农产品无法获得市场信任，不能实现优质优价（黄炎忠 等，2018；杜三峡 等，2021；王若男 等，2021）。有学者认为农户是基于其经验和所掌握的相关知识对绿色技术采纳的风险认知进行主观预测，农户掌握的相关知识信息越丰富，其对绿色技术的风险及规避相应风险的方法认知越清晰，从而减少农户的风险认知偏差，促进农户进行绿色技术采纳（程琳琳 等，2019；姜维军 等，2021；项朝阳和纪楠楠，2021）。

根据技术接受模型（Technology Acceptance Model，TAM），农户绿色技术采纳行为不仅受效益认知和风险认知的影响，还受农户对采纳绿色农业技术的易用认知的影响（Davis，1989；Davis et al.，1996；Lee et al.，2013）。

一般来说，农户采用绿色农业技术需要付出一定的精力、金钱、时间去学习和使用，这对农户自身能力有一定要求。若农户认为自我能力强，能较轻易地采纳绿色农业技术，则他们的采纳意愿会较高；反之，采纳意愿较低（周建华 等，2012；陈柱康 等，2018；彭欣欣 等，2021）。易用认知是农户对技术认知的内在约束，主要是指农户主观上认为采纳绿色农业技术的容易程度，会对农户绿色技术采纳意愿及决策产生一定的影响（朱月季等，2015）。研究表明，在新技术采纳的早期阶段，若农户感知技术采纳较为容易，则其接受新技术的焦虑感会降低，从而有助于增强其采纳新技术的意愿（Igbaria et al.，1997；Sorebo et al.，2008）。大量学者通过不同方式探讨了易用认知对农户绿色技术采纳的影响，如王晓敏等（2019）以秸秆还田技术为例，分析了农户感知易用性对其采纳秸秆还田技术的影响，研究表明感知易用性会显著影响农户采纳秸秆还田技术的意愿。张嘉琪等（2021）的研究也表明，感知易用性对农户秸秆还田技术采纳行为有显著影响。畅华仪等（2019）认为农户能否轻易获得并理解绿色农业技术信息是影响其技术采纳行为的关键因素。

第二，个体及家庭属性对农户绿色技术采纳的影响。研究表明，农户个体及家庭属性是影响农户技术采纳最基本的内在因素，会在不同程度上对农户绿色技术采纳产生影响（肖新成和倪九派，2016；Eheazu et al.，2017；郭格和路迁，2018）。农户个体及家庭属性会影响其绿色技术采纳行为已成为学术界共识，现有关于农户绿色技术采纳行为的相关研究大多将农户个体及家庭属性纳入模型作为控制变量加以控制。

从农户个体属性特征来看，学者们主要从性别、年龄、受教育程度、政治身份、外出务工经历等方面分析农户个体特征对其绿色技术采纳的影响。从进化心理学来讲，不同性别的农户在心理上存在细微的差异，男性更富有冒险、探索和创新的精神，更乐于尝试新事物，女性则更倾向于规避风险，对新生事物的态度相对保守，因而男性更倾向于采纳绿色农业生产技术（颜廷武 等，2017）。此外，相比于女性，男性兴趣爱好相对广泛，社交活动较多，获得环境知识的渠道更广，环境意识更强，更可能采纳绿色生产技术（田万慧和陈润羊，2013）。关于年龄对农户绿色技术采纳的影响，目前学术界有两种观点。一种观点认为年龄偏大的农户思想较为固化保守、学习能力较弱、劳动能力较弱、生产安全意识薄弱，其采纳绿色技术的意愿较弱（肖新成和倪九派，2016；黄炎忠 等，2018）。另一种观点则认为年龄较大的农户劳动力机会成本较低，且其对健康关注较多，更倾向于采用绿色农业技术（Burton et al., 1999；王奇 等，2012）。受教育程度在一定程度上反映了农户理解和采纳绿色农业技术的能力。一般来说，受教育程度越高的农户，认知水平越高，采纳绿色农业技术的能力和意愿越强（Schultz, 1975；Atanu et al., 1994）。有研究表明，相关绿色农业技术培训可以增强农户对绿色技术的认知，有助于增加农户采用绿色农业技术的概率（Gopalb et al., 2011）。有政治身份的农户一般来说更容易接触到相关的农业绿色政策与技术，绿色发展意识较强，且一般是基层绿色农业技术的推广者，为起示范带头作用，有政治身份的农户会率先采用绿色农业技术（肖新成和倪九派，2016）。关于外出务工经历对农户绿色技术采纳的影响，学者们形成了两种截然相反的观点。部分学者认为有外出务工经历的农户，阅历更丰富，眼界更开阔，对绿色农业技术的认知程度较高，采纳绿色农业技术的几率越大（张复宏 等，2017；齐振宏 等，2021）。另一部分学者则认为外出务工的农户长期脱离接触农业生产，缺乏对绿色农业技术的关注和了解，会抑制其的绿色农业技术采纳（刘战平和匡远配，2012；邹杰玲 等，2018）。

从农户家庭属性特征来看，现有研究主要探讨了家庭收入、家庭农业劳动人数、外出务工人数、家庭经营规模等对农户绿色技术采纳的影响。家庭收入较高的农户往往更加关注健康、安全等因素，有利于其采纳绿色农业技术（王奇 等，2012）。其中，农业收入占比较高的农户，农业生产对其收入影响较大，该类农户较为关注农业生产环境，其采纳绿色农业技术的可能性也越大（何可 等，2013）。家庭农业劳动人数是农户家庭劳动力的直观反映，家庭农业劳动人数越多，劳动力越充足，农业生产能力越强，而绿色农业技术采纳需要一定的劳动力投入，家庭人数对农户绿色技术采纳具有正向影响（肖新成和倪九派，2016；陈柱康 等，2018）。农户家庭外出务工人数越多，留下来从事农业的劳动力越少，越不利于农户采纳绿色农业技术（颜廷武 等，2017）。人多地少是中国农业发展面临的基本问题之一，家庭经营规模越大，农业生产技术对其农业收益的影响越大，农户越愿意尝试采纳可能提升其农业收益的农业绿色新技术（Anderson et al., 2005；王奇 等，2012）。

（2）外部环境对农户绿色技术采纳的影响

第一，区域软环境对农户绿色技术采纳的影响。区域软环境是指影响农户行为决策的社会特征和共识，主要包含经济、社会、文化、制度等社会因素（胡志丹，2011；陈强强 等，2020）。总的来看，现有研究主要从政府行为、市场环境、社会资本三个层面分析区域软环境对农户绿色技术采纳的影响。

政府行为是区域软环境中的一个关键因素，主要通过激励措施和约束手段对农户绿色技术采纳行为产生引导与激励作用（Matsumura et al.，2005；周建华 等，2012；尚燕 等，2018）。激励措施主要是指政府为促进农户采纳绿色技术而采取的一系列措施，如政府关于绿色农业技术采纳的宣传推广、补贴、奖励等（Goyal et al.，2007；黄晓慧 等，2019）。政府的宣传与推广是农户获取绿色农业技术信息的主要渠道之一，能加强农户对绿色农业技术及相关政策的认知，使其明确采纳绿色农业技术的好处，有利于增加农户采纳绿色农业技术的概率（姚文，2016；李卫 等，2017；童洪志和冉建宇，2021）。同时，绿色技术采纳往往需要较高的成本，政府通过补贴、奖励等方式不仅可以降低农户采纳绿色农业技术的成本，还具有"以小博大"的精神激励效果，有助于激励农户采纳绿色农业技术（乔金杰 等，2014；张红丽 等，2021）。约束手段主要是指政府制定约束农户生产行为的法律法规，对农户的污染行为进行处罚，以加深农户对生态环境政策和污染危害的认知，规范农户生产行为，达到促进农户采纳绿色农业技术的目标（曾晗 等，2021）。

市场经济下，农户按照经济利益驱动选择农业生产技术，市场收益是提高农户绿色技术采纳积极性的关键（耿宇宁 等，2017），只有采纳绿色农业技术的市场预期收益大于传统农业技术的预期收益时，农户才会采纳绿色农业技术（杨兴杰 等，2021）。若市场对绿色农产品的需求较大，采用绿色农业技术生产的农产品价格更高，农户更可能获得超额效益，则农户采纳绿色农业技术的概率更大（王奇 等，2012）。然而，市场信息不对称可能导致绿色农产品出现"优质不优价"的"柠檬市场"效应，无法实现农户采纳绿色农业技术的预期收益，会打击农户采纳绿色农业技术的积极性，因而绿色农产品的市场信任环境会对农户采纳绿色农业技术产生一定的影响（黄炎忠 等，2018；刘迪 等，2019）。

社会资本这一概念源于社会学领域，其以社会关系网络为核心，为社会群体成员提供资源支持，主要包含社会网络、社会信任、社会规范三个方面的内容（Bourdiera，1986；Putnam，1993）。其中，社会网络是指社会群体间相互交流往来而形成的关系网络，社会个体之间是相互联系的，社会关系网络对个体行为具有重要影响（Granovetter，1995）。中国农村社会是一个具有明显差序格局特征的关系型社会，社会网络有助于农户了解更多绿色农业技术相关的知识与信息，能减少农户对绿色农业技术的认知偏差，从而促进农户采纳绿色农业技术（吴贤荣 等，2020；项朝阳和纪楠楠，2021）。社会信任是社会成员之间的相互认可程度，较高的社会信任有助于农户间的信息交换和相互模仿学习，能帮助农户理解与采纳绿色农业技术（Fisher，2013；姜维军 等，2019）。社会规范是指社会群体在一定情境下对某些事件或行为所理解的规则和标准，对社会成员的行为具有引导和约束作用（Cialdini，1998）。处于复杂社会关系中的农户比较重视其他农户对自己的看法，其行为决策往往会尽量与他人保持一致，以符合社会规范，因而农户的绿色技术采纳行为一定程度上受到社会规范的影响（郭清卉 等，2019）。

第二，区域硬环境对农户绿色技术采纳的影响。区域硬环境是指地理区位、气候、地形、基础设施等因素，区域硬环境是农业发展的基础，对农户的技术采纳也具有重要的影响（舒尔茨，1987）。中国幅员辽阔，地形、地势复杂多样，不同的地理区位农业发展条件差异明显，对农业技术的需求也各不相同，对农户绿色技术采纳决策具有一定的影响（颜廷武等，2016）。有研究认为，相对于丘陵和山区，平原往往交通条件较好、距离市场较近，更有利于农户对绿色农业技术的采纳（张康洁 等，2021）。还有研究表明，不同地区的气候条件差异将显著影响病虫害分布以及农药使用效果，这将直接影响农户对病虫害防控技术的选择（侯建昀 等，2014）。此外，距乡镇和县城越远的农户，距离政府、合作社、龙头企业等技术信息中心较远，获得技术培训指导服务的机会较少，难以了解和学习绿色农业技术，其采纳绿色农业技术的可能性也较低（熊鹰和何鹏，2020）。

2.2.3.2　农户绿色技术采纳的效应研究

从以上关于农户绿色技术采纳影响因素的文献梳理可知，农户绿色技术采纳行为受其心理认知的影响，效益认知是影响农户绿色技术采纳的关键因素之一。那么，农户采纳绿色技术带来的影响是否与其效益认知相一致呢？对这一问题的回答，不仅关系到农户能否持续采纳绿色农业技术，还关系到中国农业能否顺利实现绿色化转型。为此，学者们主要从农户绿色技术采纳的经济效应和环境效应两个层面进行相关研究。

（1）农户绿色技术采纳的经济效应

作为理性"经济人"，获取经济效益是农户技术采纳的出发点和落脚点，农户绿色技术采纳是否具有经济效益，关系到农户对绿色农业技术的满意程度与持续采纳的意愿（宾幕容和文孔亮，2017）。从现有研究来看，学者们主要从节本和增收两个方面分析绿色农业技术采纳的经济效应。节本方面，一部分学者认为绿色农业技术能减少病虫害抗药性、土壤板结等问题，减少了化肥、化学农药等传统农业要素的投入，一定程度上能节约农业要素投入成本（车立铭 等，2009；黄炎忠 等，2020）。另一部分学者则认为绿色农业技术具有科学性、系统性和复杂性特征，资金、技术、劳动力等要素投入需求更大，因而采纳绿色农业技术可能导致生产成本增加（赵秀梅 等，2014；耿宇宁 等，2017）。增收方面，部分研究认为绿色农业技术能增加农产品产量，提升农产品品质，增加农产品市场竞争力，实现绿色农产品溢价，从而采纳绿色农业技术具有显著的增产增收效应（耿宇宁 等，2017；Soul-kifouly et al.，2019；李亚娟和马骥，2021）。但另一部分研究认为绿色农业技术具有高成本、高风险、作用周期长、见效慢等特点，不能实现农业增产增收（Fernandez，1996；徐志刚 等，2018；Martey et al.，2020），且由于市场信息不对称等问题，绿色农产品缺乏市场信任，容易出现优质不优价的问题，不能实现绿色农产品的经济效益（黄炎忠 等，2018；杜三峡 等，2021；王若男 等，2021）。

（2）农户绿色技术采纳的环境效应

减少农业环境污染、保护农业生态、实现农业可持续发展是研发和推广绿色农业技术的根本目的。因此，农户绿色技术采纳是否具有环境效应，是学者们关注的焦点问题之一。耿宇宁等（2017）以猕猴桃产业为例研究了农户绿色防控技术采纳的环境效应，结果表明绿色防控技术总体具有显著的环境效应，但不同技术手段的环境效应存在差异，部分绿色防控技术不存在环境效应。秦诗乐等（2020）对水稻种植户绿色防控技术采纳行为的研究表明，稻农使用绿色防控技术具有较好的环境效应。罗小娟等（2013）以测土配方施肥技术为例的研究表明，测土配方施肥技术能有效减少化肥使用量，具有显著的环境效应。宾幕容等（2017）以畜禽养殖废弃物利用技术为例研究了农户采纳绿色农业技术的生态效益，研究认为畜禽养殖废弃物利用技术能使环境污染问题得到妥善解决，具有明显的环境效应。

此外，还有少量学者认为农户在采纳绿色农业技术的过程中通过与领导干部、技术人员和技术示范户等群体的沟通、互动和学习，不仅获得了关于绿色农业技术的相关知识，还拓展了其社会关系网络，积累了社会资本，因而农户绿色技术采纳还具有一定的社会效益（宾幕容 等，2017）。

2.2.4　数字赋能与农户绿色技术采纳的相关研究

尽管数字技术在我国农业农村领域推广运用的时间较短、程度较浅，但随着数字经济与农业实体经济的不断融合发展，数字技术对农户行为的深刻影响逐渐显现，越来越多的学者开始关注数字赋能与农户行为之间的内在关联。在推进我国经济高质量发展的历史进程中，突破农户绿色技术采纳困境，促进农业绿色可持续发展是实现我国农业高质量发展的必然要求（黄晓慧和聂凤英，2023）。鉴于此，系统梳理数字赋能与农户绿色技术采纳的相关研究资料对本书的顺利开展具有重要的参考意义。从国内外相关研究资料来看，仅有少量学者尝试从数字赋能视角探讨农户绿色技术采纳行为，更多学者主要从互联网信息使用视角分析数字信息技术对农户绿色技术采纳的影响。

不管是理论层面的分析，还是实证层面的检验，已有研究结果都表明数字技术的使用有助于农户进行绿色技术采纳。理论层面的分析表明，一方面，数字技术具有的传播教育功能可以提升农户的人力资本，为农户的绿色技术采纳提供知识效应和学习效应（Buehren et al., 2019）。另一方面，数字技术具有的社会沟通功能可以帮助农户拓宽社会网络，增加社会资本，为农户绿色技术采纳提供扩散效应和示范效应（黄晓慧和聂凤英，2023）。此外，数字技术的金融杠杆功能可以降低农户的金融市场准入门槛和减少信贷约束，为农户提供更多的金融服务信息和金融产品，从而可以为农户采纳绿色农业技术提供资金支持（Yu et al., 2020；田红宇 等，2022）。在理论分析的基础上，部分学者利用微观数据进行了实证检验。例如，高天志等（2023）利用微观农户数据，以测土配方施肥技术、节水灌溉技术和病虫害综合防治技术为例，分析了数字农技推广服务对农户采纳绿色农业技术的影响，结果表明数字农技推广服务能显著提升农户绿色技术采纳的积极性和规模。李家辉和陆迁（2022）基于数字金融视角，对陕西省粮食种植户的研究发现，数字金融对农户绿色技术采纳程度具有显著的提升作用。还有部分学者从宏观层面检验了数字技术对农户绿色技术采纳的影响。例如，金绍荣和任赞杰（2022）利用省级面板数据分析了乡村数字化对农业绿色全要素生产率的影响。研究表明乡村数字化有助于增强农户对绿色农业技术的认知，降低农户学习、掌握绿色农业技术的时间成本，从而通过推动农业技术进步来提高农业绿色全要素生产率。此外，高鹏等（2023）利用2010—2020年省级面板数据的研究发现，数字技术有助于提升农户的信息获取能力，增强了农户对绿色农业政策的感知，从而有助于引导农户的绿色生产行为，减少农业面源污染。

互联网信息技术是数字技术的典型代表，大量研究基于互联网使用视角探究数字赋能对农户绿色技术采纳的影响。随着互联网技术在农业农村领域的持续渗透，互联网技术与农业产业链的融合程度逐渐加深，为农业生产绿色化转型带来契机（朱俊峰和邓远远，2022）。一方面，互联网技术的使用有助于打破信息传播壁垒，帮助农户获取更多的绿色农业技术信息，提升农户的技术认知水平，从而增强农户采纳绿色农业技术的意愿（陈山山 等，2022；彭新慧和闫小欢，2022）。另一方面，互联网使用能够减少农资购买和农产品出售的中间环节，缓解买卖双方信息不对称，有助于降低农户获取绿色农资的成本，保障绿色农产品价格，从而增加农户绿色技术采纳的收益预期，促进其采纳绿色农业技术（李晓静 等，2020；马千惠 等，2022）。此外，通过互联网使用，农户可以了解大量关于传统农业生产带来农业污染和生态破坏的负面信息，有助于激发农户的情感共鸣和危机意识，促使其形成积极的环境保护意识，自觉寻求绿色农业技术以代替传统高污染农业技术的使用（彭代彦 等，2019；骆家昕和孙炜琳，2022）。还有少量学者从现代通信技术使用、手机短信技术使用、短视频APP使用等视角研究了数字技术对农户绿色技术采纳的影响。例如，闫迪和郑少锋（2021）的研究发现，现代通信技术有助于农户减少对农膜、农药和化肥等化学投入品的使用，从而促进农业绿色发展转型。付浩然等（2021）以小麦生产为例，分析了手机短信技术服务对农户绿色技术采纳的影响，发现短信服务提高了农户技术操作的科学性，有助于绿色农业技术的传播和应用。刘迪和罗小锋（2022）的研究表明，使用短视频APP可以提升农户的绿色防控技术易用性感知，进而增加其采纳绿色防控技术的概率。

2.2.5　文献述评

综上所述，国内外关于数字经济、数字赋能和农户绿色技术采纳方面的研究已相当丰富，为本书的顺利开展提供了很好的理论支撑和方向指引，但现有研究仍存在一定的问题与不足。

第一，从数字经济的相关研究来看，现有研究从不同视角对数字经济的内涵特征、发展阶段特征等进行了系统、全面的分析，并从数字产业化和产业数字化两个方面对数字经济与实体经济的融合发展进行了大量探讨。这不仅为本书科学全面地理解数字经济的属性与阶段特征打下了坚实的基础，也为本书将数字经济与农业经济相结合的研究提供了参考与借鉴。然而，尽管相关研究已相当丰富，但是学界对数字经济的内涵特征与阶段特征并未得出一致结论，还需在现有研究基础上进行进一步的梳理、总结与拓展。同时，现有关于数字经济与实体经济融合发展的研究大多从数字经济与制造业或服务业融合的角度进行分析，关于数字经济与农业产业融合发展的研究还相对缺乏，数字经济如何与农业产业融合发展的问题还需进行深入探讨。

第二，从数字赋能的相关研究来看，学者们主要从微观、中观和宏观三个层面详细探讨了数字赋能的机制，并对当前数字赋能的现实困境和实现路径进行了一定的分析。探讨数字赋能对农户绿色技术采纳的影响机制是本书的重点与难点之一，现有关于数字赋能机制的丰富研究资料为本书提供了重要的理论参考。然而，无论从微观、中观，还是宏观层面来看，现有关于数字赋能的研究都极少涉及农业领域。在数字经济与实体经济深度融合发展的时代背景下，深入探讨数字技术如何为农业赋能具有重要的理论和现实意义。

第三，从农户绿色技术采纳的相关研究来看，学者们主要对农户绿色技术采纳的影响因素及其产生的效应做了大量、系统、全面的探讨，为本书厘清农户绿色技术采纳的影响机制及其效应的生成机制提供了大量的文献参考。然而，现有关于农户绿色技术采纳的研究多是基于传统经济学范畴的分析，以数字经济理论分析农户绿色技术采纳行为的研究还较为缺乏。在数字经济不断向农业农村领域渗透并产生变革性影响的现实背景下，从数字经济理论视角重新检视农户绿色技术采纳行为具有理论可能性和现实迫切性。

第四，从数字赋能与农户绿色技术采纳相结合的研究来看，已有少量学者尝试从数字赋能视角剖析农户绿色技术采纳行为，在理论和实证层面都进行了有益的探索，对本书具有较好的参考意义。但整体来看，当前针对数字赋能与农户绿色技术采纳内在联系的研究还存在一定的不足。一方面，直接探讨数字赋能对农户绿色技术采纳的研究较少，仅有少量研究以是否使用互联网来衡量数字赋能情况展开了相关研究，难以充分展现数字技术对农户的赋能作用。另一方面，现有研究多从某单一绿色生产技术展开讨论，缺乏对整体绿色农业技术采纳行为的剖析，忽视了不同绿色农业技术的共性与特性，难以深入挖掘和解析数字技术对农户绿色技术采纳的赋能作用。

本书将在现有研究成果基础上，针对现有不足，结合相关农业经济学理论与四川省微观调研数据，将数字赋能与农户绿色技术采纳纳入同一分析框架，以期对现有研究进行丰富和拓展。首先，在理论上厘清数字赋能对农户绿色技术采纳的影响机理，以及数字赋能视角下农户绿色技术采纳的经济效应机制，并提出相应的研究假设；其次，利用微观调研数据，选择适当的计量模型对理论分析进行实证检验；再次，基于实地调研收集的案例材料，选择部分具有典型性和代表性的案例进行剖析，进一步分析数字赋能影响农户绿色技术采纳的作用机制与实现路径；最后，基于理论、实证和案例研究结果，总结本书的主要结论，有针对性地提出推进农业农村数字化和促进农户绿色技术采纳的对策建议。

2.3　本章小结

本章的核心内容是在广泛梳理现有文献资料的基础上，对本书涉及的核心概念进行科学界定，并系统掌握当前国内外相关研究的进展，为本书的顺利开展指明方向。主要研究结论如下：

（1）在不同的研究环境中，学者们对农户内涵的理解各不相同。在本书中，农户主要是指以血缘关系为纽带，具有农村户籍并享有农村土地承包经营权的农民家庭，以家庭为单位集中使用家庭资源从事农业生产经营活动，共享农业经营收益的社会经济组织，既包含普通小农户，也包含从事规模经营的专业大户和家庭农场。

（2）数字技术主要是指基于电子计算机、手机、传感器等数字硬件设备，通过互联网、物联网、云计算等实现农业生产经营数字化的技术。根据赋能理论，赋能主要包含结构赋能和心理赋能两个方面，即从外部环境和社会心理两个方面赋予个体行动能力。因此，本书认为数字赋能是指基于电子计算机、手机、传感器等数字硬件设备，通过互联网、物联网、云计算等实现农业生产经营数字化，从内部心理和外部环境赋予农户分析、解决农业现实问题能力的过程。

（3）农业技术是连接农业科学与生产实践的纽带，是促进农业生产力持续发展的核心要素。绿色农业技术在传统常规农业技术的优点上增加了减量、高效、低污染的特征。因此，本书认为农业绿色生产技术是指在农业生产经营过程中，为保护农业生态环境、提高农产品品质而采取的资源节约、环境友好的农业生产技术。

（4）本书从数字经济、数字赋能和农户绿色技术采纳等方面展开了系统的文献梳理，对现有研究的现状、贡献与不足进行了总结归纳。在充分借鉴参考现有研究成果的基础上，尝试进一步丰富相关研究资料、弥补研究不足，并由此引出了本书的研究思路。

3 理论基础与分析框架

上一章的核心概念界定和文献综述部分为推进数字赋能与农户绿色技术采纳的理论研究打下了坚实的基础，但仍缺乏对数字赋能影响农户绿色技术采纳的理论背景和逻辑关联的探讨。本章将在现有研究成果的基础上，进一步梳理相关文献资料，明确数字赋能影响农户绿色技术采纳的理论基础，尝试构建数字赋能与农户绿色技术采纳的经济学理论模型，并深入探讨数字赋能影响农户绿色技术采纳的作用机理及其经济效应，最终按照"现实分析—理论研究—政策探讨"的基本逻辑主线，构建起本书的整体研究框架。

3.1 理论基础

3.1.1 数字经济理论

19 世纪 40 年代，世界上第一台计算机的出现标志着人类进入数字时代，而数字经济理论则是数字时代的特有产物。1994 年，"数字经济"首次在美国《圣迭戈联合论坛报》中被提出（李长江，2017），随后被称为"数字经济之父"的 Tapscott 在 1996 年出版的《数字经济：网络智能时代的希望和危险》一书中明确提出数字经济概念。1998 年，美国商务部发布的《兴起的数字经济》从政府视角判断数字经济的到来（Henry et al.），数字经济概念开始被广泛使用。数字经济是继农业经济、工业经济之后的一种基于数字技术的新经济形态，其内涵随着数字经济实践的深入而不断丰富发展，当前学术界较为认可的数字经济概念是《二十国集团领导人杭州峰会公报》对数字经济的定义："以使用数字化的知识和信息作为关键生产要素、以现代信息网络作为重要载体、以信息通信技术的有效使用作为效率提升和经济结构优化重要推动力的一系列经济活动"。就数字经济的属性特征而言，何枭吟（2005）认为以数字化、虚拟化、网络化、模块化、分子化为基本特征的数字经济是"创造性"与"破坏性"共存，技术进步与制度变迁互动发展的过程。刘传辉（2019）认为数字经济具有"三化、三高、一低"的特性，即数字化、虚拟化、网络化、高效率性、高外溢性、高融合性和低成本性。

数字经济发展时间较短，学术界还未形成一套统一的数字经济理论体系。建立在新一代信息技术之上的数字经济，其理论基础、发展规律与传统经济存在较大差异。但数字经济理论并不是对传统经济理论的否定，而是对传统经济理论的继承与拓展，传统经济理论是数字经济理论发展的基础，产权理论、契约理论、分配理论等传统经济学理论仍然适用于数字经济（陈万钦，2020）。数字经济对传统经济理论的变革创新作用体现在：微观上，数字经济融合"规模经济"与"范围经济"，转变了企业传统的成本、价格、数量的简单逻辑；中观上，调整市场结构，重新定义了传统的市场概念；宏观上，以大数据为基础，变革了传统的资源配置方式（杨新铭，2017）。同时，有学者认为数字经济本质是信息技术的应用和数字劳动的体现，具有扁平化、去中心化、跨地域性和高关联性等特征，能帮助人们突破时空束缚，对传统劳动观念和生产生活方式产生根本性变革（刘荣军，2017）。此外，依托现代信息技术的数字经济还具有开放、平等、共享等属性，能加强需求者与消费者的联系，对现有生产和消费方式带来颠覆式变革，重塑经济发展思维、模式与格局（杨东，2020）。

数字经济理论是在数字技术广泛运用于各行各业的经济实践中产生的，既继承了传统经济理论的大部分理论成果，也根据经济发展实践对其中的部分理论进行了变革，是传统经济理论在信息技术时代的丰富和发展。就本书而言，传统经济理论在一定时期内对促进我国农户绿色技术采纳具有积极的指引作用，但受主客观因素影响，当前农户绿色技术采纳表现乏力，亟须寻找新理论以突破现有绿色技术采纳障碍，为农户绿色技术采纳赋能。在数字技术广泛运用于"三农"领域，数字经济与农业产业深度融合发展的背景下，新兴的数字经济理论可以为促进农户绿色技术采纳提供新思路、新方向、新动能。

3.1.2　农户行为理论

农户作为最古老、最基本的社会经济体，其行为涉及自然、经济、社会等诸多领域，国内外学者从不同视角对农户行为展开了大量研究和探讨，并逐渐形成了三个主流的农户行为理论学派，即组织与生产学派、理性小农学派和历史学派。

以俄国农业经济学家 Chayanov 为代表的组织与生产学派主要立足于农户的消费者身份，运用"劳动—消费均衡理论"来深入剖析农户与资本主义企业之间的差异（王卫卫和张应良，2021）。该理论学派认为，小农户是集生产和消费于一身的有机统一体，其生产的主要目的是以最低风险保障家庭消费需求而不是实现效益最大化，因此小农生产是保守落后的、非理性的、低效率的自然经济生产模式，这与资本主义企业追求利润最大化的行为截然不同（恰亚诺夫，1996）。根据组织与生产学派的理论，小农生产行为可以为其带来正负两方面的效用。一方面，小农生产通过满足其消费而获得一定的愉悦感，即正效用；另一方面，从事农业劳动的辛苦又为其带来一定的身心负担，即负效用。因此，小农生产会寻求自身消费满足与劳动辛苦程度之间的均衡，当家庭需要得以满足后，为减少劳动辛苦带来的负效用，农户将不再增加生产投入（翁贞林，2008）。在此基础上，美国经济学家 Scott 提出"道义经济"概念，认为小农户缺乏抵御风险的手段和物质基础，安全是小农生产首要考虑的问题，冒险追求收益最大化并不符合小农的生存逻辑（Scott，1976）。

以美国经济学家 Schultz 为代表的理性小农学派则主要着眼于农户的生产者身份，在古典经济学理论的效益最大化分析框架下，分析农户在既定资源禀赋条件下的帕累托最优行为选择（朱晓雨 等，2014；雷红豆，2021）。理性小农学派认为农户与资本主义企业一样是理性的"经济人"，他们都以帕累托最优为生产要素配置原则，以利润最大化为生产经营根本目标，其生产是"贫穷而有效率的"（Schultz，1964）。因此，在传统农业中，农户的行为是理性的，其农业生产中的各种生产要素投资收益率是基本平衡的，传统农业停滞发展的主要原因是农业边际收益递减，而不是由农户缺乏进取心或努力导致的（李立朋，2021）。

以黄宗智为代表的历史学派综合了组织与生产学派、理性小农学派的观点，认为农户具有生产者和消费者的双重身份，满足自身消费需求和追求市场利润都是其生产的重要目的（黄宗智，1986）。黄宗智基于对中国小农户的研究提出了著名的"拐杖"逻辑，认为小农收入由农业收入和非农收入两个部分构成，而后者是前者的拐杖。历史学派认为小农经济存在"半无产化"问题，即小农经济存在大量过剩家庭劳动力，而多余的劳动力难以从农业中剥离，不能成为真正意义上的雇佣劳动者（翁贞林，2008）。此时，农业劳动投入的机会成本极低，农业劳动力的边际效益也较低，导致农业处于"没有发展的增长"的状态。

厘清农户生产行为遵循的内在逻辑，是研究农户生产经营决策行为及其效果和影响的基础。在现有较为成熟的三大农户行为理论流派中，黄宗智的历史学派理论是以中国"三农"问题研究为背景而提出的，更加符合本书的研究区域和研究对象。因此，在农户行为理论的指导下，本书认为农户是有限理性"经济人"，其绿色农业技术采纳行为不仅考虑成本和收益，还受到外部环境的影响。

3.1.3 农业技术扩散理论

扩散是指社会系统成员之间在一定时间范围内，通过一定渠道相互沟通交流的过程。技术创新本身促进社会进步的作用有限，技术只有被广泛应用才能发挥其本身的优势，为社会创造更大的价值，因而技术扩散与技术创新同样重要。技术扩散理论的研究历史悠久，1890年，加布里埃尔·塔尔德在其著作《模仿律》中指出，个体特征、教育水平、社会关系等个体因素的差异对技术扩散具有重要影响，并率先提出技术的"S"型扩散规律。随后，不少学者对加布里埃尔·塔尔德的理论进行了丰富和拓展，主要形成了"技术踏车"理论（Cochrane，1958）、创新扩散理论（Rogers，1962）和新产品增长模型（Bass，1969）三大技术扩散理论。

"技术踏车"理论，又称"农业技术困境"理论，该理论认为新技术采纳可分为早期技术采用者、跟随者、落后者三种，新技术的早期采纳者因技术采纳而提高了收益水平，使得技术模仿者增多，农业技术扩散加快，随着技术扩散范围扩大，该技术带来的收益逐渐减小，后期采用该技术的人不能从技术采纳中获得较高利润。这时，早期技术采用者会寻找新技术替代现有技术，以再次获得较高收益，新技术采纳循环由此形成。创新扩散理论认为技术扩散过程是"S"型曲线，早期技术扩散的速度较慢，技术采纳者较少，当技术采纳达到一定规模时，技术扩散速度加快，且一直持续到整个系统中技术采纳者达到饱和值，技术扩散速度逐渐放缓。Rogers（1962）将新技术采纳过程分为技术创新、早期采纳、早期追随、晚期追随、落后采纳五个阶段。新产品增长模型是美国著名传播学者 Bass 构建的理论模型，他将研究的范围限定在首次购买新产品者，假设新产品的采纳数量等于采纳者数量，则可以用新产品的采纳者数量代替新产品的采纳数量。该理论模型将新技术扩散者分为革新者和模仿应用者，革新者独立地采用新技术，不会进行技术扩散，模仿者需要先向技术拥有者学习，然后再将技术投入运用，而不管是革新者还是模仿者，新技术扩散过程都是"S"型曲线。

本书中，绿色农业技术扩散主要涉及政府宣传、新型农业经营主体的示范带动作用以及亲朋邻里之间的技术沟通交流。因此，技术扩散理论是研究农户绿色技术采纳的重要理论基础，对研究数字赋能对农户绿色技术采纳的影响机制具有重要的指导意义。

3.1.4　农业绿色发展理论

绿色发展强调在不超出生态环境容量和资源承载力的前提下，遵循社会经济发展规律，将各种资源要素重新整合，把"绿色化"融入整个产业过程，在实现经济增效的同时，保障人与自然的全面、协调、可持续发展（程杨，2019）。绿色发展理论被提出的时间较短，但其萌芽较早，具有丰富的理论积淀。总的来看，绿色发展理论主要包含马克思主义生态文明理论、生态经济学理论、循环经济学理论和可持续发展理论。

马克思主义生态文明观萌芽于 19 世纪，是马克思主义经典著作中体现的绿色生态思想，其源自马克思从人类实践活动视角对人、自然、社会之间关系的深入思考及对未来的预见。基于马克思主义生态文明思想，众多马克思主义理论学者进行了大量的丰富与拓展，马克思主义生态文明理论体系逐渐形成（麦思超，2019）。马克思主义生态文明理论认为自然是人类赖以生存和发展的基础，人属于自然的一部分，人类社会的进步源自对自然的改造与利用，人类无法战胜自然，必须与自然和谐共处（薛蕾，2019）。生态经济学理论由美国经济学家鲍尔丁于 1966 年提出，旨在将生态学与经济学相结合，解决经济对资源需求的无限性与生态系统资源供给有限性之间的矛盾（苏振锋，2010）。该理论认为经济系统与生态系统不是孤立存在的，二者之间是一个相互耦合、相互作用、相互影响的统一体系，生态系统为经济系统提供物质资源基础，经济系统为生态系统的开发、利用与保护提供动力支持（赵桂慎，2009）。20 世纪 60 年代，Boulding 提出的"宇宙飞船经济理论"被认为是循环经济学理论的起源（Boulding，1966）。他认为地球如同一艘宇宙飞船，除了从太阳获取能量外，人类活动所需的其他要素都要从地球内部获取，因而在地球资源有限的约束下，必须实现资源的生态化和循环化利用。1980 年，《世界自然资源保护大纲》首次提出"可持续发展"概念。随后，联合国世界环境与发展委员会于 1987 年将可持续发展定义为"不仅要满足当代人生存和发展的需要，也要保证后代人可以维持生存和发展的发展"。该理论认为人类生存与发展的可持续是可持续发展理论的最终目的，为实现这一目标，必须在保障生态可持续的前提下实现经济、社会、生态的协调发展，既要满足当代人的生存发展，也不能威胁后代人的可持续发展（黄莉，2021）。

在不同的历史发展背景下产生了不同类别的绿色发展理论，尽管这些理论存在一些细微差别，但理论之间并不冲突，都提倡要在实现人类发展的同时保护生态环境，促进人与自然的和谐共生，实现人与自然的可持续发展。农业是一个高度依赖自然的产业，农业生产活动对生态环境具有重要影响，绿色发展理论是实现农业永续发展的重要理论基础。

3.2 分析框架

3.2.1 数字赋能与农户绿色技术采纳的数理经济学分析

绿色农业技术采纳是农户的一种行为选择，农户绿色技术采纳行为的解构离不开农户行为理论的指导。从前文可知，农户行为理论主要包含三大流派，即组织与生产学派、理性小农学派和历史学派，而不同学派主张的经济学假设各不相同。其中，组织与生产学派立足于农户的消费者身份，认为农户是非理性的个体，其生产的主要目的是以最低风险保障家庭消费需求而不是实现效益最大化；相反，理性小农学派着眼于农户的生产者身份，认为农户是完全理性的个体，农户以帕累托最优为生产要素配置原则，以利润最大化为生产经营根本目标；历史学派则认为农户具有生产者和消费者的双重身份，满足自身消费需求和追求市场利润都是其生产的重要目的。从农户行为理论不同学派的理论观点可知，经济利润最大化、风险最小化和满足自身农产品需求都是农户生产行为的重要目的，农户的生产行为决策往往具有多目标性。已有不少研究将 Robison（1982）提出的多目标效用理论应用于农户生产行为决策研究，以期更加准确地了解农户的真实行为（黄炎忠和罗小锋，2018；陈雪婷 等，2020）。鉴于此，为更好地理解数字赋能与农户绿色技术采纳行为之间的理论逻辑，借鉴黄炎忠和罗小锋（2018）的分析思路，本书尝试在数字赋能视角下构建一个农户绿色技术采纳多目标效用模型。在效用最大化的经济理论假设下，我们假设农户采纳绿色农业技术所追求的目标有 N 个，C_n 表示第 n 个目标的满足程度（$n=1$，2，3，$\cdots$，N），则农户采纳绿色农业技术的多目标期望效用函数可表示为

$$MaxE\left[\,U(C_1,C_2,C_3,\cdots,C_N)\,\right] \tag{3-1}$$

同时，假设式（3-1）的各目标间具有独立性，则上述多目标期望效用函数满足可加条件，函数形式可变为

$$U(C_1,C_2,C_3,\cdots,C_N) = \sum_{n=1}^{N} w_n f_n(C_n) \tag{3-2}$$

其中，w_n 表示各目标权重，$|w_1|+|w_2|+|w_3|+\cdots+|w_n|=1$；$f_n$ 表示不同的目标效用函数。

根据上述对农户行为理论的分析，农户的生产行为目标主要为经济利润最大化、风险最小化和满足自身农产品需求。本书主要研究的是农户的绿色技术采纳行为，农户自身的农产品需求数量相对稳定，并不会跟随生产技术的变化而产生明显的差异，但农产品的质量却与农户的绿色技术采纳行为息息相关。随着农户生活水平的提升，其对农产品质量安全和身体健康的关注度和需求度逐渐增加，绿色农业技术成为越来越多的农户的技术选择。因此，本书将农产品的质量安全效用目标纳入农户采纳绿色农业技术的多目标效用函数，并假设农户绿色技术采纳决策主要考虑三个目标，即利润最大化、风险最小化和农产品质量安全效用最大化。那么，农户绿色技术采纳的多目标效用函数可表示为

$$MaxU = w_1 f_1 + w_2 f_2 + w_3 f_3 \tag{3-3}$$

其中，f_1、f_2、f_3 分别表示利润最大化、风险最小化和农产品质量安全最大化的目标效用函数。w_1、w_2 和 w_3 分别为利润最大化、风险最小化和农产品质量安全效用最大化目标的相对权重，反映了各个目标对于农户的相对重要性。尽管在不同决策条件下，农户的多目标效用函数表达形式是一

致的，都是平衡三者之间的关系，但 w_1、w_2 和 w_3 的绝对值会发生改变。例如，当农户生产的农产品主要用于销售时，其采纳绿色农业技术的主要目的是通过提升农产品品质以获得更高的市场溢价，此时 w_1 的绝对值较大；而在采纳风险较高的绿色农业技术时，农户可能更多考虑的是规避风险，则 w_2 的绝对值较大；若农户生产的农产品主要用于家庭消费，则其采纳绿色农业技术的主要目的是为了保障农产品质量安全，此时 w_3 的绝对值较大。但不管农户对利润最大化、风险最小化和农产品质量安全效用最大化目标如何取舍，其根本目标都是要实现绿色技术采纳行为决策的效用最大化。

从利润最大化目标来看，稻农采纳绿色农业技术的利润函数可表示为

$$f_1 = \mathrm{Max}\varphi = P_1 Q_1 - P^* X^* - \sum_{m=1}^{M} P_m X_m \tag{3-4}$$

其中，φ 表示利润，P_1、P^*、P_m 分别表示稻谷出售价格、绿色生产要素单位价格和其他生产要素单位价格，Q_1 表示稻谷销售数量，X^* 表示绿色生产要素投入数量，X_m 为其他生产要素投入数量。假设在既定的生产条件下，农户采纳绿色农业技术或未采纳绿色农业技术时，水稻生产的其他要素投入成本 $\sum_{m=1}^{M} P_m X_m$ 保持不变，则利润最大化的决定因素是稻谷出售收益（$P_1 Q_1$）和绿色生产要素投入成本（$P^* X^*$）。

从风险最小化目标来看，农户绿色技术采纳主要面临因技术操作不当带来减产的技术风险和由市场信息不对称导致绿色农产品"优质不优价"的市场风险（杜三峡 等，2021）。借鉴黄炎忠和罗小锋（2018）的研究，本书构建农户绿色技术采纳风险最小化的目标函数如下：

$$f_2 = \mathrm{Min}R = a_1 R_1 + a_2 R_2 \tag{3-5}$$

其中，R 表示农户绿色技术采纳面临的风险，R_1 和 R_2 则分别表示农户绿色技术采纳面临的技术风险和市场风险，a_1 和 a_2 表示农户对两种风险的关注程度，且 $a_1 + a_2 = 1$。

从农产品质量安全效用最大化目标来看，农户的稻谷质量安全效用主要来自其对所消费稻谷的质量安全的满意程度。不同农户对稻谷质量安全的评判标准存在差异，即使是消费同等质量的稻谷，其所获得的稻谷质量安全效用也可能存在差异。因此，食品安全重要性认知、绿色农业技术的增质作用认知以及传统农业技术的危害认知是决定农户农产品质量安全效

用水平的关键（王建华 等，2015；黄炎忠和罗小锋，2018）。基于上述分析，本书构建农产品质量安全效用最大化目标函数如下：

$$\begin{cases} f_3 = f(Q_2, \ AF, \ CT, \ HT) \\ s. \ t. \ Q = Q_1 + Q_2 \end{cases} \tag{3-6}$$

其中，Q 为稻谷总产量，Q_2 表示农户家庭消费稻谷数量，Q_1 含义与前文一致，AF 表示农户的食品安全重要性认知，CT 表示农户对绿色农业技术的增质作用认知，HT 表示农户对传统农业技术的危害认知。

综合上述目标效用函数，将式（3-4）、式（3-5）、式（3-6）代入式（3-3），可构建出农户绿色技术采纳行为的多目标效用函数如下：

$$\begin{aligned} \mathrm{Max}U &= w_1 f_1 + w_2 f_2 + w_3 f_3 \\ &= w_1 \left(P_1 Q_1 - P^* X^* - \sum_{m=1}^{M} P_m X_m \right) + w_2 (a_1 R_1 + a_2 R_2) + \\ & \quad w_3 (Q_2, AF, CT, HT) \\ &= \beta_1 P_1 Q_1 - \beta_2 P^* X^* + \beta_3 R_1 + \beta_4 R_2 + \beta_5 f_3 + \beta_0 \end{aligned} \tag{3-7}$$

其中，β_i 表示某个未知的定值，该值随着样本农户的改变而变化。从式（3-7）可看出，农户的绿色技术采纳行为与农产品销售收益（$P_1 Q_1$）、绿色技术采纳成本（$P^* X^*$）、技术风险（R_1）、市场风险（R_2）、稻农的食品安全重要性认知（AF）、绿色农业技术的增质作用认知（CT）以及传统农业技术的危害认知（HT）具有明显的相关关系。因此，基于利润最大化目标、风险最小化目标和农产品质量安全效用最大化目标，农户的绿色技术采纳行为受到农产品销售收益、绿色技术采纳成本、技术风险、市场风险、农户的食品安全重要性认知、绿色农业技术的增质作用认知以及传统农业技术的危害认知等的综合影响。

随着我国农村信息基础设施的不断完善，数字技术逐渐进入农户的生产生活，对农户的生产行为和生活方式都产生了深刻影响。就绿色技术采纳行为而言，数字技术主要从以下几个方面为农户的绿色技术采纳行为决策赋能。第一，降低绿色技术采纳成本，增加绿色技术采纳收益，为利润最大化目标赋能。利用数字技术在信息传递速度和广度上的优势，农户可以直接与农资供应商和农产品消费者进行线上对接。这样，不仅可以减少购买绿色农资和出售绿色农产品的中间环节，降低市场交易成本（华中昱和林万龙，2022），还能减少绿色农产品生产者和消费者之间的信息不对称，有效匹配绿色农产品的市场需求，有助于更好地实现绿色农产品的市场溢价，从而增加绿色技术采纳收益（刘子玉和罗明忠，2022）。第二，降低绿色技术采纳的技术风险和市场风险，为风险最小化目标赋能。一方面，数字技术的运用极大地提升了农户的信息搜寻利用能力，农户可以随时随地通过互联网查询相关绿色技术的使用经验和技巧，降低了绿色技术采纳的困难程度，减少了因技术操作失误而带来减产的技术风险。另一方面，数字技术能帮助农户更好地对接农产品市场，扩大绿色农产品的销售半径，降低了绿色农产品优质不优价的市场风险。第三，确保数字技术采纳知识在农户间能够进行有效传播，提升农户的认知水平，为农产品质量安全效用最大化目标赋能。数字技术打破了信息传递壁垒，拓宽了农户的信息获取渠道，农产品质量安全、绿色农业技术和传统农业技术的相关知识信息可以通过数字技术在农户间快速有效地传播，有助于增强农户对食品安全重要性、绿色农业技术的增质作用和传统农业技术使用危害的认知。因此，在数字技术赋能下，农户绿色技术采纳的利润最大化目标函数、风险最小化目标函数和农产品质量安全效用最大化目标函数分别可表达为

$$f_{1d} = \text{Max } \varphi_d = P_{1d} Q_1 - P_d^* X^* - \sum_{m=1}^{M} P_m X_m \qquad (3-8)$$

$$f_{2d} = \text{Min } R_d = a_1 R_{1d} + a_2 R_{2d} \qquad (3-9)$$

$$f_{3d} = f(Q_2, AF_d, CT_d, HT_d) \qquad (3-10)$$

从上述分析可知，在数字赋能背景下，绿色农产品的价格更高，绿色生产要素的购买成本更低，即 $P_{1d} \geq P_1$，$P_d^* \geq P^*$，仍然假定其他投入要素价格不变，则可以推出在 Q_1 和 X^* 保持不变的情况下，农户采纳绿色农业技术的利润 $\varphi_d \geq \varphi$，即 $f_{1d} \geq f_1$；同时，数字赋能有助于降低农户采纳绿色技术的技术风险和市场风险，即 $R_{1d} \leq R_1$，$R_{2d} \leq R_2$，假定农户对技术风险和市场风险的重视程度不变，则 $R_d \leq R$，在风险最小化目标下，绿色技术采纳面临的风险越小，其获得的效用越大，因此 $f_{2d} \geq f_2$；此外，数字赋能还能增强农户对食品安全重要性、绿色农业技术的增质作用和传统农业技术使用危害的认知，即 $AF_d \geq AF$，$CT_d \geq CT$，$HT_d \geq HT$，假定农户消费农产品数量不变，则 $f_{3d} \geq f_3$。

将式（3-8）、式（3-9）、式（3-10）代入式（3-3），可得出数字赋能情况下农户绿色技术采纳行为的多目标效用函数如下：

$$\text{Max}U_d = w_{1d}f_{1d} + w_{2d}f_{2d} + w_{3d}f_{3d}$$

$$= w_1\left(P_{1d}Q_1 - P_d^* X^* - \sum_{m=1}^{M} P_m X_m\right) + w_2(a_1 R_{1d} + a_2 R_{2d}) +$$

$$w_3(Q_2, AF_d, CT_d, HT_d)$$

$$= \beta_{1d}P_{1d}Q_1 - \beta_{2d}P_d^* X^* + \beta_{3d}R_{1d} + \beta_{4d}R_{2d} + \beta_{5d}f_{3d} + \beta_{0d}$$

$$(3-11)$$

从前文分析可知，$f_{1d} \geqslant f_1$，$f_{2d} \geqslant f_2$，$f_{3d} \geqslant f_3$。若在有数字赋能和没有数字赋能的情况下，农户对利润最大化、风险最小化和农产品质量安全效用最大化目标的重视程度保持不变，则可以进一步推出 $U_d \geqslant U$，即数字赋能情况下农户绿色技术采纳的综合效用大于或等于没有数字赋能时农户绿色技术采纳的综合效用。综合上述分析，从经济学理论模型推导来看，数字赋能对农户绿色技术采纳行为具有显著的促进作用。

3.2.2 数字赋能对农户绿色技术采纳的影响机理分析

行为经济学认为，理性并不是人类行为选择的唯一理由，行为选择可能还受到理性之外的某些因素影响，在一定的环境影响下，人类依据自身有限的认知能力做出相对满意的行为策略（Simon，1956；蒋军锋和殷婷婷，2015）。在行为经济学理论分析框架下，现有研究主要从内外两个方面分析农户绿色技术采纳行为的影响因素，即内部因素和外部环境对农户绿色技术采纳的影响（颜廷武 等，2017）。一般而言，影响农户绿色技术采纳的内部因素主要包含农户的个体特征、家庭特征以及其对绿色农业技术的认知情况（李后建，2012；肖新成和倪九派，2016；Eheazu et al.，2017；郭格和路迁，2018），外部环境则主要包含区域软环境和区域硬环境两个方面（黄炎忠，2020）。

由前文关于数字赋能与农户绿色技术采纳的经济学理论模型推导可知，数字技术带来的信息变革有助于提升农户采纳绿色农业技术的综合效用，从而对农户的绿色技术采纳行为决策产生积极影响，即数字赋能对农户绿色技术采纳具有直接的正向影响。结合现有相关研究，本书尝试在行为经济学理论分析框架下，从影响农户绿色技术采纳的内部因素和外部环境两方面探析数字赋能对农户绿色技术采纳行为的作用机理，以期进一步揭示数字赋能影响农户绿色技术采纳的"黑箱"。从内部因素来看，农户的个体特征和家庭特征是农户长期以来形成的相对稳定的属性，数字技术的运用并不会导致这些农户内在属性的变化，但农户的绿色技术采纳认知与农户所接收和理解的绿色农业技术相关信息密切相关。数字技术的运用强化了农户的信息搜索、获取和理解能力，有助于农户更加全面系统地掌握绿色生产的相关信息（张国胜 等，2021），从而提高农户对绿色技术采纳的认知水平。同样，从外部环境来看，地理、气候、基础设施等区域硬环境不会随着数字技术的运用而改变，但数字技术的运用变革了政策、市场和社会各类信息的传递方式，农户可以多渠道、及时、全面地获取关于农业绿色发展的社会、政策、市场等软环境信息，进而增加农户采纳绿色农业技术的可能性。因此，本书受数字赋能影响较小，但会影响农户绿色技术采纳的农户个体特征、家庭特征和区域硬环境特征纳入控制，并重点从农户绿色技术采纳认知和区域软环境两方面探讨数字赋能对农户绿色技术采纳的作用机理，如图 3-1 所示。

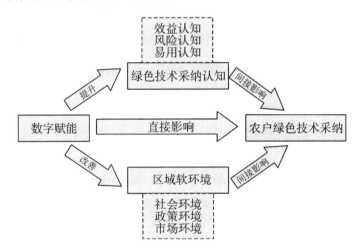

图 3-1　数字赋能对农户绿色技术采纳行为的影响机理

首先，数字赋能可以提升农户的绿色技术采纳认知水平，进而间接促进农户绿色技术采纳。绿色技术采纳认知反映了农户对采纳绿色农业技术的感知和看法，基于计划行为理论和行为经济学理论，"认知—意愿—行为"是农户绿色技术采纳的基本行为逻辑，农户的绿色技术采纳决策会受其认知的影响（莫经梅和张社梅，2021；黄晓慧和聂凤英，2023）。数字技术的出现突破了我国农村基于地缘和血缘的传统信息传递模式，降低了农户的信息获取壁垒，极大地提升了农业信息的传递效率，使得农户对采纳绿色农业技术具有更充分的认知，从而促进其绿色技术采纳行为（张晓慧 等，2022）。一方面，数字赋能有助于提升农户对绿色技术采纳的效益认知水平，从而促进农户绿色技术采纳。农户是理性的"经济人"，经济效益最大化是影响其行为决策的重要因素（Schultz，1964），但农户同时还是典型的"社会人"，其行为还应满足其情感需要和自我实现的需求（魏平，2020），因而社会和生态效益也是影响农户行为的重要因素。数字技术打破了信息壁垒和信息不对称，改善了农户的信息困境，农户通过各类信息传播平台可以快速、全面、直观地认知到绿色技术采纳带来的经济、社会和生态效益，形成"知识效应"，进而促进其采纳绿色农业技术。另一方面，数字赋能有助于提升农户对绿色技术采纳的风险认知和易用认知，从而促进农户绿色技术采纳。具体而言，数字技术拓宽了农户的社会网络，扩大绿色农产品的销售半径，可以有效降低绿色农产品"优质不优价"的市场风险。同时，借助数字网络平台，农户还可以通过远程视频培训或在线咨询讲解的方式系统掌握绿色农业技术的操作规范，降低绿色农业技术的学习操作难度，不仅能够降低绿色技术操作失误带来的技术风险，还能提升农户对采纳绿色农业技术的易用认知，从而增强农户的绿色技术采纳意愿（黄晓慧和聂凤英，2023）。

其次，数字赋能可以改善农户采纳绿色技术的区域软环境，进而间接促进农户绿色技术采纳。区域软环境是特定社会生产和交往中所创造的，并在短期内可以通过人为干预而发生改变的体制机制、政策法规、制度等外部因素的总和（张樨樨 等，2022）。就农户绿色技术采纳而言，社会环境、政策环境和市场环境等区域软环境对农户绿色技术采纳的促进作用已被证实（曾晗 等，2021）。然而，在一个以血缘、地缘为纽带的社会关系网络中，农户间的信息传递呈现出明显的差序格局，农业信息主要集中在少数农村精英阶层，大部分农户远离信息中心，难以充分了解区域内关于绿色技术采纳的社会、政策与市场环境信息（何欣和朱可涵，2019）。数字技术的出现改变了农村信息的传递方式，农户可以通过数字设备和网络直接获取各类农业信息，突破了农村信息传递的差序格局，实现了农业农村信息的"去中心化"。具体而言，数字赋能可以改善农户采纳绿色技术的社会环境。一方面，借助数字技术的沟通功能，农户得以在更大范围内与其他绿色技术采纳者进行沟通交流，能更好发挥绿色技术采纳者的示范带动作用。另一方面，借助数字技术的信息共享功能，农户可以通过数字网络获取大量关于环境保护、食品安全和绿色生产等相关方面的信息，了解并掌握农业绿色发展的前景与方向，从而增强农户采纳绿色农业技术的意愿。同时，数字赋能可以改善农户采纳绿色技术的政策环境。如前文所述，传统农村社会的信息呈现"中心化"特征，农业政策信息主要集中于少数农村精英群体中，大部分农户难以及时、全面地了解并掌握最新农业政策信息。通过数字网络平台，农户与政府间得以建立直接的信息传递渠道，相关政策信息通过数字网络直接传递到每个农户手中，极大地改善了农户绿色技术采纳的政策环境，使农户能更好地理解、掌握和利用相关绿色发展政策（彭代彦 等，2019）。此外，数字赋能还可以改善农户采纳绿色技术的市场环境。借助数字技术，农户可以直接与绿色农产品消费者和绿色农资供应商进行对接，减少出售农产品和购买农资的中间环节，不仅有助于降低绿色技术采纳的市场成本，还有助于农户精准对接市场需求，进行按需生产，减少由市场信息不对称导致的"柠檬市场"风险。

3.2.3 数字赋能视角下农户绿色技术采纳的经济效应分析

根据农户行为理论和技术扩散理论，经济效益是农户行为的重要目标和动力，只有当绿色技术采纳行为具有一定的经济效益时，农户才愿意尝试采纳绿色农业技术，进而形成技术扩散。然而，现有研究表明，农户绿色技术采纳行为的经济效应具有不确定性，这也是当前我国绿色农业技术扩散缓慢的重要原因。一方面，绿色农业技术具有安全、健康的技术属性，有助于保障农产品产量（洪文英 等，2014；徐红星 等，2017），提升农产品品质（赵秀梅 等，2014），从而增加农户的农业经营收入。但绿色农业技术具有一定的复杂性，操作要求和难度较高，农户操作不当会严重影响技术效果，从而带来减产风险。同时，由于我国绿色农产品市场体系不健全，绿色农产品供给与需求之间存在信息不对称，容易出现"优质不优价"的市场风险。另一方面，绿色农业技术具有高效、可持续的特性，绿色技术采纳不仅能减少农业要素的投入量，节约农业要素购买成本，还能减少农业要素的投入次数，节约劳动力投入成本（黄炎忠 等，2020）。例如，物理防治、生物防治等绿色防控技术可有效避免病虫害抗药性问题，且能可持续发挥病虫害防治作用，减少农药的使用次数和使用量。农家肥、绿肥等天然有机肥能替代部分化肥，有机肥的使用能持续地改善生态环境、提升土壤肥力，有助于减少化肥使用次数和数量，从而形成良性的可持续循环生产体系（褚彩虹 等，2012）。然而，采纳绿色农业技术是一个更新旧技术获取新技术的过程，需付出额外的学习成本，绿色农业技术所需的生产资料价格相对较高，需要更高的要素购买成本（王若男 等，2021）。因此，从增收和节本两个方面分析来看，农户绿色技术采纳的经济效应都存在一定的不确定性。

数字技术的运用极大变革了农户的农业生产经营方式，有助于降低农业经营的风险与成本，有效缓解农户绿色技术采纳经济效应的不确定性。一方面，数字赋能可以提升农户对农产品需求预测的速度和精度，促进农户与消费者的交易互动，降低绿色农产品交易市场的信息不对称，为消费者提供满足需求的绿色农产品，有助于增加农业产品的市场价值，降低绿色农产品"优质不优价"的市场风险，从而有效提升农业经营绩效（缪沁男 等，2021）。同时，借助数字化技术交流共享平台，农户可以随时在线学习绿色农业技术的操作技巧和注意事项，极大地降低了绿色农业技术的操作难度，有助于降低因技术操作失误而带来的减产风险。另一方面，基于数字技术的信息汇聚、整理、搜索等功能，农户可以从更广阔的时空范围内获取、共享绿色农业技术与知识，有助于农户以较低的成本整合、获取、学习绿色农业技术。此外，基于数字技术的信息沟通功能，农户可以直接与绿色生产资料供应商对接，减少绿色生产资料获取的中间环节，有助于降低农户获取绿色生产资料的市场成本。因此，理论上，在数字赋能视角下，农户的绿色技术采纳行为具有较好的经济效应。

3.2.4　总体分析框架

受传统农业的束缚，农户自身难以克服传统农业的滞后性，引入现代农业要素是改造传统农业的关键（舒尔茨，1987）。农产品总量不足曾是我国农业领域长期存在的问题，在化学农药、化肥等传统农业生产要素的大量投入下，我国的农业生产力得到极大提升，农产品总量不足问题得到有效解决。然而，化学农药、化肥的过量使用带来农产品产量大量增长的同时，环境污染、农药残留等问题逐渐显现，如何推进农业绿色可持续发展成为当前我国农业亟待解决的问题。生物农药、有机肥等现代绿色生产技术的出现为兼顾农业发展数量与质量带来了可能，但绿色农业技术在广大农户群体中的推广运用进程缓慢。以生物农药为例，生物农药具有低毒、低残留等优良属性，被认为是化学农药的理想替代品之一，但生物农药在中国农药市场的占有率不到 10%，远低于世界平均水平（Achtnicht，2012；Srinivasan，2019；Constantine，2020；Guo，2021）。有研究认为缺乏绿色农业技术相关信息与技能是阻碍农户采纳绿色农业技术的主要原因（Adami，2018；Bagheri，2021）。以互联网为代表的数字技术具有高效、便捷的信息沟通和传递能力，可以有效提升农村信息传递效率，降低信息获取的成本，提升农户获取和利用信息的能力，进而有助于促进农户绿色技术采纳（Whitacre，2014；Deng，2019）。因此，本书以水稻种植户的绿色技术采纳为重点研究对象，结合数字经济学理论、农户行为理论、农业技术扩散理论和农业绿色发展理论等基础理论，尝试构建"数字赋能—农户绿色技术采纳—经济效应"的理论分析框架，并按照"现实分析—理论研究—政策探讨"的基本逻辑主线，由表及里、由浅入深地对农户绿色技术采纳行为进行剖析和讨论。

具体分析框架如图 3-2 所示，从分析框架中可以看出本书的核心研究内容由五个部分构成。首先，从我国农业绿色发展演变历程入手，总结各发展阶段我国绿色农业技术的发展与采纳特征，并基于对四川省水稻种植户绿色技术采纳情况的现实考察，归纳总结样本区域农户绿色技术采纳的现状；其次，将数字赋能纳入农户绿色技术采纳的研究框架，分析数字技术在农村地区的广泛运用对农户绿色技术采纳可能造成的影响，进一步地结合实证与案例分析，深入探讨数字技术赋能农户绿色技术采纳的作用机理与实现路径；然后，回归农户理性经济人假设，分析在数字赋能视角下农户绿色技术采纳的成本与收益的变化，探讨农户绿色技术采纳的可操作性与可持续性；最后，根据本书的理论、现状、实证与案例研究结果，针对当前农户绿色技术采纳的困境，从数字赋能视角为进一步促进农户绿色技术采纳、提升农户种植收益，为农户提供更多的政策启示。

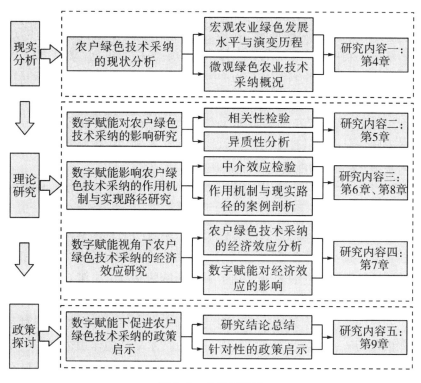

图 3-2　分析框架图

（1）核心研究之一：农户绿色技术采纳的现状分析

从宏观层面来看，农户绿色技术采纳行为在不同的农业绿色发展时期具有不同的特征表现，那么我国的农业绿色发展经历了怎样的历史演变历程？其发展水平如何？具有怎样的阶段特征？绿色农业技术在各发展阶段又具有怎样的特征变化？从微观层面来看，样本区域的稻农具有怎样的基本特征？样本农户面临怎样的绿色技术采纳环境？样本农户对绿色技术的认知和采纳情况如何？本书将在第 4 章对这些问题进行集中回答，主要从我国农业绿色发展水平及其演变历程、样本区域稻农的绿色技术采纳概况两个方面对农户绿色技术采纳的现状展开分析。

（2）核心研究之二：数字赋能对农户绿色技术采纳的影响研究

随着中国农村地区互联网基础设施的不断完善，以互联网为代表的数字技术在农户的生活生产中的运用越来越广泛，对农户的生产行为方式产生了深刻的变革（苏岚岚和孔荣，2020）。在农业可持续发展、农业高质量发展以及农业现代化发展的总体目标下，农业绿色生产是当前和未来农业发展的长期要求和必然趋势，是否采纳、如何采纳绿色农业技术也将成为广大农户不得不面对的问题。那么，在农户采纳绿色农业技术的过程中，不断进入农户生产生活的数字技术扮演着怎样的角色，数字技术的运用是否会对农户绿色技术采纳行为产生赋能作用，该赋能作用在不同生产环节、不同经济区域、不同农户群体中是否存在异质性？本书将在第5章重点探讨数字赋能对农户绿色技术采纳产生的影响，进一步地对比分析该影响在不同情况中的共性和特性，以期全面深入地剖析数字赋能与农户绿色技术采纳之间的内在逻辑。

（3）核心研究之三：数字赋能影响农户绿色技术采纳的作用机制与实现路径研究

在总体把握数字赋能与农户绿色技术采纳之间关系的基础上，本书重点关注了数字技术赋能农户绿色技术采纳的内在机制和实现路径。在第5章实证检验数字赋能对农户绿色技术采纳影响的基础上，第6章尝试进一步通过中介效应检验模型分析数字赋能对农户绿色技术采纳的作用机制。然而，农户的绿色技术采纳行为可能会受到多种内在与外在的可观测和不可观测因素的影响，数字技术赋能农户绿色技术采纳的作用机制与实现路径具有一定的复杂性，仅仅依靠定量模型对可观测变量进行分析难以对其展开全面深入的解析。因此，本书将进一步在第8章辅以质性分析，通过扎根理论对数字技术赋能农户绿色技术采纳的作用机制与实现路径进行案例剖析，与实证分析形成相互印证和补充。

（4）核心研究之四：数字赋能视角下农户绿色技术采纳的经济效应研究

基于农户行为理论，作为追求利润最大化的理性经济人，农户的绿色技术采纳行为离不开对经济效益的考量，只有当绿色农业技术采纳"有利可图"时，农户采纳绿色农业技术才具有主动性和可持续性。农户绿色技术采纳是否具有经济效益？数字赋能视角下农户绿色技术采纳的经济效益有何变化？出现这些变化的原因是什么？对这些问题的科学解答是能否进一步持续推进农户绿色技术采纳的关键。因此，本书在厘清数字赋能对农户绿色技术采纳的作用机制的基础上，在第7章将进一步探讨数字赋能下农户绿色技术采纳的经济效益，对比分析在有数字赋能和没有数字赋能的情况下，农户绿色技术采纳的经济效益的变化及原因。

（5）核心研究之五：数字赋能视角下进一步促进农户绿色技术采纳的政策启示

理论源于实践也将回归并服务于实践。在当前我国绿色农业技术推广应用乏力和数字技术在农村地区不断普及应用的双重背景下，如何通过数字赋能进一步推进农户采纳绿色农业技术既是本书的出发点，也是本书的最终落脚点。本书在第 9 章根据现状、理论、实证与案例的研究结论，从数字赋能视角为进一步促进农户绿色技术采纳，增加农户收益提出可能的政策启示。

3.3　本章小结

本章首先对数字经济理论、农户行为理论、农业技术扩散理论以及农业绿色发展理论的基本内容与发展历程进行了归纳总结，并阐释了各个理论在本书中的应用。其次，基于农户行为理论和多目标效用理论，本书尝试在数字赋能视角下构建一个农户绿色技术采纳多目标效用模型，详细推导了数字赋能对农户绿色技术采纳的影响效应，并从理论上探讨了数字赋能对农户绿色技术采纳的作用机理及其经济效应。最后，在理论分析的基础上，按照"现实分析—理论研究—政策探讨"的基本逻辑主线，本书构建了"数字赋能—农户绿色技术采纳—经济效应"的理论分析框架，为开展后续研究奠定了理论基础。

4 农户绿色技术采纳的历史追溯与现实考察

我国源远流长的农耕文明较早地孕育出了绿色发展理念，长期以来对农户的绿色技术采纳行为具有重要的引导作用。本章在系统梳理相关资料文献的基础上，从宏观层面按照时间递进关系对我国农业绿色发展的历程进行回顾总结，并对每个农业绿色发展阶段的农户绿色技术采纳特征进行归纳提炼。同时，为深入了解农户绿色技术采纳的现状，本章立足于四川省水稻种植户的调研情况，从微观层面总结了样本农户的基本特征，详细阐述了样本农户采纳绿色技术的环境状况以及其对绿色技术的认知和采纳状况。

4.1 我国农业绿色发展历程与农户绿色技术采纳阶段特征

农户绿色技术采纳是农业绿色发展的关键，不同历史时期的农户绿色技术采纳行为造就农业绿色发展阶段特征的同时，其在不同农业绿色发展阶段也呈现出相应的特征差异。就绿色农业本身而言，政府政策很大程度上影响甚至决定了农户的生产行为，是农业绿色发展的主要推动力，而农业生产力发展水平、农业资源环境状况、农业发展理念等也是农业绿色发展的重要影响因素（付伟 等，2021）。根据农业绿色发展的基本内涵，金书秦等（2020）认为农业绿色发展历程是一个由"去污"到"提质"再到"增效"的转变过程。就我国农业绿色发展而言，根据农业绿色发展思想的演变过程，冯丹萌和许天成（2021）将我国农业绿色发展历程划分为无意识自发期、萌芽期、初步试水期和自觉调整转变期四个阶段，而李周

（2022）则将其划分为治山治水、提质增效和统筹协调三个阶段。韩冬梅等（2019）根据不同时期农业绿色发展政策方向的变化，将我国农业绿色发展的政策演变历程划分为酝酿阶段（1978—1994 年）、起步阶段（1995—1999 年）、加速阶段（2000—2016 年）和全面提升期（2017 年至今）四个阶段。由此，部分学者根据农业绿色发展政策制度的变迁，将我国农业绿色发展历程划分为萌芽阶段、发展阶段和战略提升与推广阶段（付伟 等，2021）。

　　综上，已有不少学者基于不同视角对我国农业绿色发展历程进行了梳理总结，但由于划分视角和标准不同，学术界尚未就此形成一致结论。鉴于此，基于现有文献资料，综合我国不同历史时期的农业绿色政策环境、生产力水平、资源环境状况和发展理念的差异，以及对农业绿色发展趋势的整体把控，本书将我国农业绿色发展划分为萌芽期、形成期、发展期和优化升级期四个阶段（图 4-1），每个阶段的农户绿色技术采纳特征如下：

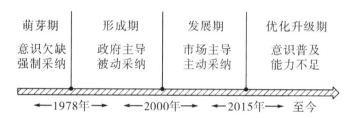

图 4-1　中国农户绿色技术采纳的发展历程与趋势

4.1.1　绿色农业萌芽期

　　1978 年以前，绿色农业处于萌芽阶段，农户绿色技术采纳的阶段特征为意识欠缺、强制采纳。作为农耕文明古国，中国早在几千年前就已形成了一些独特的农业绿色发展技术和理念，如"用养结合，地力常新""因时因地因物制宜""孕育不得杀，壳卵不得探，鱼不长尺不得取，彘不期年不得食"等都是中国古代农业绿色发展技术与理念的典型代表（余欣荣，2021）。这些绿色农业发展技术和理念是从源远流长的农耕实践中探索总结得出的精华，是人与自然矛盾关系演化的结果（杨俊中，2008）。正是依靠着对自然规律的正确认识，中国得以形成几千年来相对稳定的农业社会结构，并以世界 7%的耕地资源养活着近 1/4 的世界人口（王如松 等，2001）。然而，这一时期农户的绿色发展意识并未真正形成，农户进行绿色生产的初衷是获取更多的农产品，而其采纳绿色农业技术的行为则多是在政府的强制规定下进行（王兆骞，2001）。总的来说，该时期的绿色发展理论与绿色农业产业都处于萌芽阶段，并未得到系统性的发展（冯丹萌 等，2021）。因此，这一阶段农户的绿色生产缺乏明确的绿色发展理论作为指导，其绿色农业技术采纳行为是在逐利的过程中以及政府的强制要求下进行的，绿色农业技术则主要来自实践经验总结，技术传播手段也较为原始，以农户间的口传心授和各类农书指导为主。

4.1.2 绿色农业形成期

1978—2000 年，绿色农业逐步形成，政府主导和被动采纳是该阶段农户绿色技术采纳的主要特征。尽管中国自古便蕴含着朴素的农业生态和谐共生理念，但这些朴素的农业发展经验并未上升到科学理论的高度，绿色农业发展理论真正开始形成要追溯到 20 世纪 70 年代后期（李文华 等，2010）。改革开放到 20 世纪末，随着家庭联产承包责任制改革的推进，农民生产积极性大幅提升，在增产导向的政策激励下，农药化肥过量使用、大水漫灌、过度垦荒、超载放牧等导致的农业生态环境问题逐渐显现（刘健，2020）。以化肥过量使用为例，我国化肥使用量由 1978 年的 884 万吨猛增至 2000 年的 4 146.4 万吨，增长了近 3.7 倍。自 1989 年开始，我国的化肥使用强度就超过了 225 千克/公顷的国际安全警戒线，具体数据见图 4-2。在此背景下，农业绿色发展意识首先在部分农林科技工作者中觉醒，并逐渐将朴素的农业绿色发展经验上升为科学的理论与方法（黄国勤 等，2011）。例如，马世骏于 1981 年在农业生态工程建设领域提出了"整体、协调、循环、再生"的绿色发展理念（马世骏，1981），叶谦吉随后于 1982 年的农业生态经济研讨会上系统论述了"生态农业"的概念（叶谦吉，1982）。学术界围绕农业绿色发展的广泛探讨引起了我国政府的高度重视，1982—1986 年连续 5 个中央一号文件均强调农业要走投资省、耗能低、效益高和有利于保护生态环境的绿色发展道路。在政府一系列政策文件的指导下，我国开始了长达十余年的农业绿色发展试点探索，早期的绿色农业理论和绿色农业产业逐渐形成（孙敬水，2002）。这一阶段的绿色农业产业大多集中分布于少数试点和示范地区，这些区域的少量农户开始接触到现代意义上的绿色农业技术。然而，该时期的农业绿色发展理论尚处于学术界探讨阶段，广大农户仍未形成自主采纳绿色农业技术的意识，其绿色技术采纳行为以政府为主导，绿色技术来源主要是政府及相关部门的培训推广，绿色技术采纳范围也基本局限在政府的试点与示范地区。

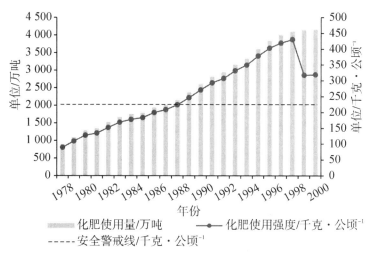

图 4-2 1978—2000 年化肥使用量和使用强度的变化趋势

数据资料来源：《中国农业统计资料》（1949—2019 年）。

4.1.3 绿色农业发展期

2000—2015 年，绿色农业进入发展阶段，农户绿色技术采纳的阶段特征主要表现为市场主导和自主采纳。20 世纪初到 2015 年，随着市场经济体制的不断完善，我国生产力进一步解放，农业经济迅猛发展，极大地丰富和满足了人民的农产品需求。与此同时，我国农药、化肥用量逐年提升，地力下降、农产品残留超标和农业面源污染等问题突出，严重威胁食品安全和人的身体健康。马斯洛需求层次理论认为，需求的满足是按照生理—安全—社交—尊重—自我实现的顺序递进的，上一层次的需求满足后，该需求的重要性就会降低，激励作用也将失去效果，而下一层次的需求重要程度将会提高（Maslow，1943）。农业的快速发展使温饱问题得以解决，满足了广大消费者的基本生理需求。此时，人们开始更多地关注安全需求的实现，农产品消费者的绿色、环保和健康意识逐渐形成，其对农业绿色发展的呼声也越来越高。图 4-3 数据显示，2000—2015 年，我国粮食产量迅速增长，从 2000 年的 46 218 万吨增长至 2015 年的 66 060 万吨，人均粮食产量则从 2000 年的 366 千克增长至 2015 年的 479 千克，从 2008 年开始就超越了人均 400 千克的国际粮食安全线标准，这表明我国人民已经满足了温饱这一基本生理需求。与此同时，以化肥为代表的化学投入品的使用量仍在缓慢增长，到 2015 年，化肥使用量已增至 6 023 万吨，化肥使用强度高达 446 千克/公顷，约为国际安全警戒线的两倍，农业环境污染问题进一步加剧，威胁人们的食品安全和身体健康。

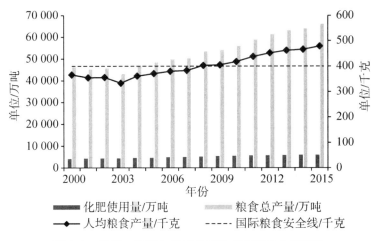

图 4-3　2000—2015 年我国化肥施用与粮食生产情况

数据资料来源：《中国统计年鉴》（2000—2015 年）、《中国农业统计资料》（1949—2019 年）。

　　在此背景下，我国政府进一步加大对绿色农业的引导和支持力度，部分农业生产者的绿色生产意识也逐渐形成，绿色农业进入探索发展期（韩冬梅 等，2019；付伟 等，2021）。如表 4-1 所示，自 2004 年中央一号文件重回"三农"问题开始，到 2015 年，连续 12 年的中央一号文件都着重强调要防治农业面源污染，推进农业绿色可持续发展，农业的食品安全功能和生态功能逐步得到重视。此外，2015 年我国陆续通过《到 2020 年化肥使用量零增长行动方案》《到 2020 年农药使用量零增长行动方案》和《全国农业可持续发展规划（2015—2030 年)》等重要文件，为防治农业污染、推进农业绿色发展指明了方向。在政府的大力宣传引导下，部分农户已经具备农业绿色发展意识，并在绿色农产品市场需求的导向下，开始通过技术交流、培训、服务购买等渠道自主采纳绿色农业技术，但由于绿色农业技术本身采纳的难度、成本和风险都比较高，加之我国农户的绿色生产能力薄弱，仅有小部分能力较强的农户和新型农业经营主体能自主采纳绿色农业技术进行农业绿色生产。

表 4-1 2004—2015 年中央一号文件中的农业绿色发展要点梳理

年份	文件名称	农业绿色发展要点
2004	《关于促进农民增加收入若干政策的意见》	扩大绿色优质农产品的生产和供应
2005	《关于进一步加强农村工作提高农业综合生产能力若干政策的意见》	严格保护耕地、加快农业节水改造
2006	《关于推进社会主义新农村建设的若干意见》	加快发展循环农业、防治农业面源污染
2007	《关于积极发展现代农业扎实推进社会主义新农村建设的若干意见》	推广资源节约型农业技术，促进农业绿色、可持续发展
2008	《关于切实加强农业基础建设进一步促进农业发展农民增收的若干意见》	加强生态建设，加大农业面源污染防治力度
2009	《关于 2009 年促进农业稳定发展农民持续增收的若干意见》	推进生态重点工程建设，以奖促治，支持农业农村污染治理
2010	《关于加大统筹城乡发展力度进一步夯实农业农村发展基础的若干意见》	完善农产品质量安全监管体系和检验检测体系，积极生产无公害、绿色、有机农产品
2011	《关于加快水利改革发展的决定》	搞好水土保持和水生态保护
2012	《关于加快推进农业科技创新 持续增强农产品供给保障能力的若干意见》	大力推广高效绿色肥料、低毒低残留农药，保障农产品质量
2013	《关于加快发展现代农业进一步增强农村发展活力的若干意见》	健全农产品质量安全和食品安全追溯体系，开展农业面源污染防治
2014	《关于全面深化农村改革加快推进农业现代化的若干意见》	建立覆盖全过程的食品安全监管制度，严格农业投入品管理
2015	《关于加大改革创新力度加快农业现代化建设的若干意见》	转变粗放经营方式，坚持绿色、高效的现代农业发展道路

4.1.4 绿色农业优化升级期

2016 年至今，绿色农业进入优化升级阶段，农户绿色技术采纳表现出理论普及不到位和能力不足的阶段特征。在新发展理念的指导下，2016 年中央一号文件首次在官方文件中提出农业绿色发展。自此，一系列推进农业绿色发展的政策文件密集出台，农业绿色发展保障机制不断完善，农业绿色发展理念在社会逐渐普及，农业绿色发展进入优化升级期（韩冬梅等，2019；金书秦，2020；付伟 等，2021）。这一阶段由于政府政策的大力引导，农业绿色发展意识已基本在广大农业经营者中普及，绿色农业技术采纳的渠道、种类、范围和规模都在不断增加，农业绿色发展初见成效。中国绿色食品发展中心的统计数据显示（见表 4-2），到 2021 年，我国绿色食品原料的生产基地达 729 个，生产面积约 1.68 亿亩，产量达1.348 亿吨，直接或间接带动农户 2 029.95 万户，对接相关企业 6 206 家。然而，农业绿色生产技术的采纳与使用往往需要较为复杂的专业知识与技术，受制于"信息困境"（王卫卫和张应良，2021），农户很难获取所需的农业绿色生产知识与技术，且当前绿色农产品的市场信任体系仍不健全，农户缺乏规避"优质不优价"等潜在市场风险的能力，导致大部分农户虽有绿色发展意识却没有足够的能力采纳并使用绿色农业技术。从表 4-2 的数据也可以看出，当前我国绿色食品原料的生产主要集中于各地的生产基地，绿色生产面积虽保持在 1.7 亿亩左右，但相对于我国约 25 亿亩的农作物播种面积而言，农业绿色生产的比重较低，难以满足人们日益增长的绿色农产品需求。此外，我国农户的绿色生产主要依赖于绿色生产基地的带动，近年来我国绿色食品原料生产基地带动的农户保持在 2 100 万户左右，而我国目前仍有近 2.3 亿农户（朱婷 等，2022），表明这一阶段我国仍只有少部分农户进行了绿色生产，大多数农户的传统生产方式未得到根本性的改变。

表 4-2　2016—2021 年我国绿色食品原料生产情况

年份	基地数/个	面积/亿亩	产量/亿吨	带动农户/万户	对接企业/家
2016	696	1. 73	1. 095	2 198	2 716
2017	678	1. 64	1. 067	2 097	2 616
2018	680	1. 64	1. 065	2 111	2 644
2019	712	1. 66	1. 041	2 172.9	2 785
2020	742	1. 71	1. 063	2 246.5	2 994
2021	729	1. 68	1. 348	2 029.95	6 206

注：数据来源于 2016—2021 年的《绿色食品统计年报》。

4.2　样本农户绿色技术采纳的现实考察

4.2.1　样本农户基本特征

为直观展示样本农户的基本特征，本书根据四川省水稻种植户的调研情况，从个体和家庭特征两个方面对样本农户进行描述性统计分析，具体变量选取及描述性统计结果见表4-3。

（1）个体特征。从受访农户的性别来看，在608位受访农户中，有533位为男性，占比高达87.66%，女性仅占12.34%；从受访农户的年龄来看，60岁以上的农户有188位，占比高达30.92%，大部分农户年龄段处于30~60岁，占比为67.60%，30岁以下的农户仅占1.48%，这反映出当前我国农村的年轻劳动力流失和农户老龄化问题依然严重；从受访农户的受教育程度来看，绝大部分农户的受教育年限在9年及以下，占比高达75.82%，仅有少量农户的受教育年限在10~12年，还有极少数农户的受教育年限在13~16年，这表明受访农户的受教育程度普遍不高，主要集中在小学和初中阶段；从受访农户的职务来看，未曾担任过村干部的农户有518人，占比高达85.20%，仅有少部分农户担任过村干部，占比为14.80%；从受访农户是否兼业来看，没有兼业的农户有434位，占比为71.38%，存在兼业的农户有174位，占比为28.62%；从受访农户的风险倾向来看，低风险和中风险倾向的农户占比相当，分别占29.11%、29.28%，高风险倾向农户有253人，占比为41.61%，表明大部分农户相对保守，风险规避仍是农业生产经营的重要原则。

（2）家庭特征。从农户的家庭总人数来看，大部分农户的家庭规模为4~6人，占比高达60.20%，3人及以下的家庭规模占27.47%；从农户家庭务工人数来看，务工人数为1~2人的农户最多，占比为48.68%，还有43.75%的农户没有家庭外出务工，仅有极少数农户家庭外出务工人数在3人及以上；从农户家庭成员最高受教育程度来看，最高受教育年限在10年及以上的农户占比为64.97%，表明大部分农户家庭中具有较高受教育水平的成员；从农户的种植规模来看，大部分农户种植规模在20亩以下，占比高达47.70%，种植规模在21~100亩的农户占比为23.03%，100亩以上的农户占比为29.28%，表明小农户仍是我国当前及未来重要的农业经营主体之一，其绿色技术采纳行为对我国农业绿色化转型发展具有重要影响。

表 4-3　样本农户基本特征

变量名称	变量含义	统计指标	户数及占比/%	平均值	标准差
个体特征					
性别	受访者性别（男性=1，女性=2）	女	75（12.34）	0.877	0.329
		男	533（87.66）		
年龄	受访者年龄/岁	30 岁及以下	9（1.48）	54.98	10.29
		30~60 岁	411（67.60）		
		60 岁及以上	188（30.92）		
受教育程度	受访者受教育年限/年	9 年及以下	461（75.82）	8.498	3.191
		10~12 年	101（16.61）		
		13~16 年	46（7.57）		
村干部	受访者是否为村干部（1=是，0=否）	否	518（85.20）	0.148	0.355
		是	90（14.80）		
是否兼业	受访者是否兼业（1=是，0=否）	否	434（71.38）	0.286	0.452
		是	174（28.62）		
风险倾向	受访者的风险倾向（1=低，2=中，3=高）	低风险倾向	177（29.11）	2.125	0.832
		中风险倾向	178（29.28）		
		高风险倾向	253（41.61）		
家庭特征					
总人数	受访者家庭总人数/人	3 人及以下	167（27.47）	4.684	1.802
		4~6 人	366（60.20）		
		7 人及以上	75（12.34）		
务工人数	受访者家庭外出务工人数/人	0 人	266（43.75）	1.053	1.192
		1~2 人	296（48.68）		
		3 人及以上	46（7.57）		
最高受教育程度	受访者家庭成员最高受教育年限/年	9 年及以下	213（35.03）	11.93	3.461
		10~12 年	156（25.66）		
		13~16 年	237（38.98）		
		16 年及以上	2（0.33）		

表4-3(续)

变量名称	变量含义	统计指标	户数及占比/%	平均值	标准差
种植规模	受访者水稻种植规模/亩	20 亩及以下	290（47.70）	113.8	185.9
		21~100 亩	140（23.03）		
		100 亩以上	178（29.28）		

注：数据来源于调研数据整理。

4.2.2　样本农户绿色技术采纳环境状况

农户的绿色技术采纳行为会受到周围环境的影响。本书的样本区域涉及成都平原经济区、川东北经济区和川南经济区的五个水稻主产市，不同样本区域的自然和社会经济环境差异明显。为深入分析样本农户绿色技术采纳的环境状况，本书立足区域软环境和硬环境两个维度，利用四川水稻种植户的微观调研数据，对样本农户绿色技术采纳的社会环境、政策环境、市场环境和地理环境进行描述性统计分析，具体变量选取及描述性统计结果见表4-4。

表4-4　样本农户绿色技术采纳的环境状况

变量名称	变量测度	统计指标	户数及占比/%	平均值	标准差
社会环境					
社会交流	您与村里的其他水稻种植户交流频繁	3.339 及以下	287（47.20）	3.339	1.281
		3.339 以上	321（52.80）		
采纳氛围	您周围有较多水稻种植户使用了绿色生产技术	2.803 及以下	233（38.32）	2.803	1.147
		2.803 以上	375（61.68）		
身份认同	您所在村或社区身份认同感或归属感强烈	3.814 及以下	219（36.02）	3.814	0.853
		3.814 以上	389（63.98）		
政策环境					
政府宣传	政府对生态、绿色农业技术宣传范围广、频次高	2.961 及以下	215（35.36）	2.961	1.018
		2.961 以上	393（64.64）		
补贴政策	政府对生态、绿色农业技术补贴力度很大	2.243 及以下	373（61.35）	2.243	1.077
		2.243 以上	235（38.65）		

表4-4(续)

变量名称	变量测度	统计指标	户数及占比/%	平均值	标准差
惩罚措施	政府对不合格农业生产或农业污染问题进行了有效惩罚	3.326 及以下	276 (45.39)	3.326	1.345
		3.326 以上	332 (54.61)		
市场环境					
农产品质量安全认知	您认为农产品质量安全重要吗?	4.107 及以下	379 (62.34)	4.107	0.818
		4.107 以上	229 (37.66)		
市场农产品安全情况	您认为市场上出售的农产品质量安全吗?	3.066 及以下	462 (75.99)	3.066	0.782
		3.066 以上	146 (24.01)		
社会信任	您认为周边村民对市场上的农产品信任吗?	3.001 及以下	465 (76.48)	3.001	0.818
		3.001 以上	143 (23.52)		
销售难易程度	您认为绿色农产品的销售难易程度	2.673 及以下	300 (49.34)	2.673	1.159
		2.673 以上	308 (50.66)		
优质优价的可能性	假如种植绿色农产品,能卖出高价的可能性	2.519 及以下	326 (53.62)	2.519	1.083
		2.519 以上	282 (46.38)		
地理环境					
到最近县城的距离	受访者家到最近县城的距离 (km)	5 km 及以下	24 (3.95)	23.68	12.77
		6~20 km	262 (43.09)		
		20 km 以上	322 (52.96)		
地形	受访者所经营土地所在地的地形(1=平原,2=丘陵,3=山地)	平原	201 (33.06)	1.691	0.507
		丘陵	394 (64.80)		
		山地	13 (2.14)		

注:数据来源于调研数据整理;所有变量问题项均设置为李克特五级量表形式。

(1)社会环境。从农户之间的社会交流情况来看,有52.80%的农户经常与其他水稻种植户进行交流,还有47.20%的农户与其他农户交流较少,表明不少农户缺乏与同行之间的种植经验交流,主要依靠其自身的实践经验进行水稻种植;从绿色技术的采纳氛围来看,61.68%的农户表示周围有较多水稻种植户采用了绿色生产技术,表明随着绿色发展理念的宣传推广,不少农户已经开始自主采纳绿色生产技术,形成了较好的绿色技术采纳氛围;从农户的身份认同情况来看,63.98%的农户表示其对所在村庄具有较强的认同感和归属感,表明大部分农户具有较为浓厚的乡土情结,这在一定程度上有利于其采纳绿色生产技术，共同维护村庄环境。

（2）政策环境。从政府对绿色生产技术的宣传情况来看，64.64%的农户表示政府对绿色农业技术宣传范围广、频次高，还有35.36%的农户表示政府对绿色生产技术的宣传不深入，表明大部分地区政府积极宣传农业绿色生产技术，但仍有部分地区政府对绿色生产技术的宣传推广不到位，不利于农户采纳绿色生产技术；从政府对绿色技术采纳的补贴情况来看，61.35%的农户表示政府对绿色技术采纳补贴力度不够，仅有38.65的农户认为政府对绿色技术采纳的补贴力度很大，表明大部分地区政府对绿色技术采纳的补贴政策还宣传不到位；从政府对环境污染的惩罚措施来看，54.61%的农户表示政府对不合格农业生产或农业污染问题进行了有效惩罚，还有45.39%的农户认为政府的惩罚措施不够显著，表明当前部分地区政府对农业污染问题的惩罚措施还有待加强和完善。

（3）市场环境。从农户对农产品质量安全认知情况来看，大部分农户认为农产品的质量安全较为重要，但仍有小部分农户的食品安全意识相对较差，缺乏对农产品质量安全的正确认识；从市场农产品安全情况来看，75.99%的农户认为当前市场上的农产品质量不安全，仅有24.01%的农户认为市场上的农产品安全可靠；从其他农户对农产品的信任程度来看，大部分农户认为其他农户对市场上的农产品并不信任；从绿色农产品的销售难易程度来看，49.34%的农户认为绿色农产品具有较好的销售市场，还有50.66%的农户认为绿色农产品销售困难，表明当前大部分农户的绿色农产品销售渠道仍有限，不利于提升农户的绿色技术采纳意愿；从绿色农产品能否保持优质优价的情况来看，53.62%的农户认为绿色农产品并不能卖出更高的价格，难以帮助其实现农业增收，还有46.38%的农户认为绿色农产品可以卖出更高的市场价格，表明进一步采取措施帮助农户实现绿色农产品的市场溢价，是促进农户采纳绿色生产技术的关键所在。

（4）地理环境。从农户家到最近县城的距离来看，43.09%的农户与最近县城的距离为6~20 km，大部分农户与县城的距离在20 km以上，仅有3.95%的农户距县城较近；从地形条件来看，有201户农户位于平原地区，种植条件较好，但大部分农户位于丘陵地区，占比高达64.80%，水稻种植的地形条件较差。

4.2.3 样本农户绿色技术采纳认知状况

4.2.3.1 效益认知

作为理性"经济人",利润最大化是农户行为的主要目标,同时农户还是进入社会网络中的"社会人",其行为还应满足其情感需要和自我实现的需求(魏平,2020)。因此,农户在做出采纳绿色生产技术的决策时,不仅会衡量采纳绿色生产技术所能带来的经济效益,还会将采纳绿色生产技术可能带来的社会和生态效益纳入考虑。基于上述分析,本书主要从经济效益认知、社会效益认知和生态效益认知三个方面分析样本农户对绿色技术采纳的效益认知情况,如表4-5所示。

表4-5 样本农户对绿色技术采纳的效益认知情况 单位:%

认知维度	效益类型	非常不明显	不太明显	一般	比较明显	非常明显
经济效益认知	增加种植收入	17.27	20.56	34.05	27.14	0.98
	增加农产品产量	18.09	23.68	33.88	23.36	0.99
	节约物质成本	5.26	11.35	37.83	36.84	8.72
	节约劳动成本	19.24	12.50	22.37	38.65	7.24
社会效益认知	保障产品质量安全	0.66	1.81	33.22	40.46	23.85
	增进他人福利	0.16	14.64	27.80	36.51	20.89
	促进社会发展	0.16	15.13	26.32	36.51	21.88
生态效益认知	减少环境污染	0.82	16.94	20.56	37.34	24.34
	保护生态环境	0.66	20.56	39.64	28.78	10.36

注:数据来源于调研数据整理。

从经济效益认知来看,有28.12%的农户认为采纳绿色生产技术对水稻种植收入的增加作用"比较明显"或"非常明显",有24.35%的农户认为采纳绿色生产技术对水稻产量的增加作用"比较明显"或"非常明显",有45.56%的农户认为采纳绿色生产技术对节约水稻生产物质成本的作用"比较明显"或"非常明显",有45.89%的农户认为采纳绿色生产技术对节约水稻生产劳动成本的作用"比较明显"或"非常明显"。这表明样本农户对绿色技术采纳在增加水稻种植产量和收入、节约水稻种植物质和劳动成本方面的认知程度相对较低,尤其是对绿色技术采纳的增产增收作用认知还有待提高，不利于提升农户采纳绿色生产技术的积极性。从社会效益认知来看，有64.31%的农户认为采纳绿色生产技术有助于保障农产品质量安全，有57.40%的农户认为采纳绿色生产技术对其他人有好处，有58.39%的农户认为采纳绿色生产技术有助于促进社会发展，这说明大部分农户对绿色技术采纳的社会效益认知水平较高。从生态效益认知来看，分别有61.68%和39.14%的农户认为绿色技术采纳能明显减少环境污染，保护生态环境，这表明绿色技术采纳的生态效益得到了大多数农户的认同。

4.2.3.2 风险认知

效益最大化是农户采纳绿色技术的动力源泉，而风险会使技术采纳收益面临不确定性，因而风险最小化是农户绿色技术采纳的重要前提（谭永风 等，2021；姜维军 等，2021）。一般而言，农户绿色技术采纳主要面临技术采纳失败的技术风险和绿色产品优质不优价的市场风险。因此，本书从技术风险认知和市场风险认知两方面分析样本农户对绿色技术采纳的风险认知情况，如图4-4所示。由图4-4可以看出，认为采纳绿色技术的技术风险"比较大"或"非常大"的农户有318户，认为采纳绿色技术的市场风险"比较大"或"非常大"的农户有361户，分别占总样本的52.30%、59.38%。这表明大部分样本农户认为采纳绿色技术面临较高的风险，此情况不利于农户采纳绿色生产技术，应加强对绿色生产技术的宣传和培训，健全绿色农产品市场机制，以降低农户采纳绿色生产技术的技术和市场风险。

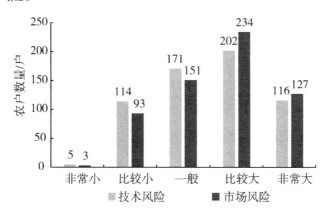

图4-4 样本农户对绿色技术采纳的风险认知情况

数据来源：调研数据整理。

4.2.3.3 易用认知

农户对绿色技术采纳的易用认知也是影响其绿色技术采纳行为的重要因素，图 4-5 是样本农户对绿色技术采纳的易用认知情况。由图 4-5 可知，57%的农户认为采纳绿色农业技术的难度大，仅有 24%的农户认为采纳绿色农业技术的难度小。主要有两个方面的原因：一方面，绿色农业技术的操作较为复杂，学习和使用的难度较大，对操作人员要求较高；另一方面，农村青壮年劳动力流失严重，留下来继续经营农业的人力资本较差，学习、获取和使用绿色农业技术的能力相对不足。

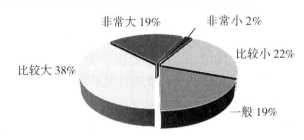

图 4-5 样本农户对绿色技术采纳的易用认知情况

数据来源：调研数据整理。

4.2.4 样本农户绿色技术采纳状况

4.2.4.1 不同类别绿色农业技术的采纳情况

从实地调研的样本数据来看，样本农户对不同类别绿色技术的采纳程度存在显著差异，如表 4-6 所示。从绿色耕种技术的采纳情况来看，少耕和免耕技术的采纳比例为 15.63%，轮作、套作和间作技术的采用比例为 40.79%，深翻松土整地技术的采用比例为 41.78%，表明样本农户对绿色耕种技术的整体采纳程度还不高，尤其是对少耕和免耕技术的采纳较少；从绿色病虫害防控技术的采纳情况来看，分别有 226 个、75 个、154 个样本农户采纳了生物农药防控技术、天敌防控技术和物理防控技术，分别占总体样本的 37.17%、12.34%、25.33%，说明样本农户对绿色病虫害防控技术的整体采纳程度较低；从绿色施肥技术的采纳情况来看，分别有 121 个、333 个样本采用了测土配方施肥和有机肥，分别占总体样本的 19.90%、54.77%，表明样本农户对有机肥的采纳程度较高，但对测土配方施肥的采纳程度还较低；从绿色废弃物利用技术的采纳情况来看，进行秸秆还田和农膜回收利用的农户分别为 446 户、326 户，占总样本的比例分别达到 73.36%、53.62%，表明样本农户对绿色废弃物利用技术的采纳程度较高，其中对秸秆还田技术的采纳程度最高，主要是因为大部分样本区域都要求禁止露天焚烧秸秆，农户大多在收割水稻的同时，利用收割机将秸秆粉碎还田；从绿色灌溉技术的采纳情况来看，仅有 1.48% 的农户采用了节水灌溉技术，由于样本区域全年降水丰富，且节水灌溉设施建设成本较高，导致农户对节水灌溉的需求相对较小。

表 4-6   不同绿色农业技术的采纳情况

绿色技术类别	具体绿色技术	采纳农户数量/户	比例/%
绿色耕种技术	少耕/免耕技术	95	15.63
	轮/套/间作技术	248	40.79
	深翻松土整地技术	254	41.78
绿色病虫害防控技术	生物农药防控技术	226	37.17
	天敌防控技术	75	12.34
	物理防控技术	154	25.33
绿色施肥技术	测土配方施肥技术	121	19.9
	使用有机肥	333	54.77
绿色废弃物利用技术	秸秆还田技术	446	73.36
	农膜回收利用	326	53.62
绿色灌溉技术	节水灌溉技术	9	1.48

注：数据来源于调研数据整理。

4.2.4.2   农户了解绿色农业技术的主要渠道

为深入分析农户了解绿色农业技术的主要渠道，调研问卷中通过设置"您主要通过什么渠道了解该项绿色生产技术"问题来收集相关数据资料，所得数据的统计结果如表 4-7 所示。从绿色耕种技术来看，其他农业经营者、政府农技部门和邻里亲朋是农户了解绿色耕种技术的主要的渠道，占比分别为 49.33%、38.01% 和 37.20%，少部分农户通过互联网平台、农资供应商和其他渠道了解绿色耕种技术；从绿色病虫害防控技术来看，农资供应商和政府农技部门是农户了解绿色病虫害防控技术的主要渠道，占比分别为 59.60%、57.95%，邻里亲朋、其他农业经营者和互联网平台也是农户了解绿色病虫害防控技术的重要渠道，占比分别为 30.13%、28.15%、31.46%；从绿色施肥技术来看，农资供应商是农户了解绿色施肥技术的最主要的渠道，占比高达 52.35%，政府农技部门、邻里亲朋、其他农业经营者和互联网平台也是农户了解绿色施肥技术的重要渠道；从绿色废弃物利用技术来看，政府农技部门是农户了解绿色废弃物利用技术的最主要的渠道；从绿色灌溉技术来看，农资供应商、政府农技部门和邻里亲朋是农户了解绿色灌溉技术的最主要的渠道，占比分别为 44.44%、66.67% 和 55.56%。

表4-7　样本农户了解各项绿色农业技术的渠道　　　　单位:%

绿色技术类别	农资供应商	政府农技部门	邻里亲朋	其他农业经营者	互联网平台	其他
绿色耕种技术	16.44	38.01	37.20	49.33	19.41	4.04
绿色病虫害防控技术	59.60	57.95	30.13	28.15	31.46	1.99
绿色施肥技术	52.35	36.84	41.00	23.55	20.50	1.94
绿色废弃物利用技术	25.21	82.91	27.78	26.71	14.10	2.56
绿色灌溉技术	44.44	66.67	55.56	22.22	11.11	11.11

注：数据来源于调研数据整理；因题目设置为多项选择，故百分比之和大于1。

4.2.4.3　农户采纳绿色农业技术时考虑的主要因素

表4-8统计分析了样本农户采纳各项绿色农业技术时考虑的主要因素。从绿色耕种技术来看，节本和增收是农户采纳绿色耕种技术时考虑的重要因素，这符合农户理性"经济人"的身份假说，经济效益最大化是农户采纳绿色农业技术时考虑的根本目标；从绿色病虫害防控技术来看，提高农产品质量是农户采纳该类型技术时考虑的主要因素，占比高达81.13%，绿色病虫害防控技术的采纳直接关系到农产品的农药残留和质量安全，故提高农产品品质是农户采纳该类型技术的主要目的；从绿色施肥技术来看，提高农产品质量是农户采纳该类型技术时考虑的主要因素，占比高达72.58%，保护环境和节本增收也是农户采纳该类型技术时考虑的重要因素；从绿色废弃物利用技术来看，保护环境是农户采纳该类型技术时考虑的主要因素，占比为65.17%，降低生产成本也是农户考虑的重要因素之一；从绿色灌溉技术来看，提高农产品质量和节本增收是农户采纳该类型技术时考虑的重要因素。

表 4-8　样本农户采纳绿色农业技术时考虑的主要因素　　单位:%

绿色技术类别	提高农产品质量	保护环境	增加农业收益	降低生产成本	政府宣传和补贴	其他农业经营者的种植情况	其他
绿色耕种技术	32.35	7.82	73.05	67.92	5.93	5.66	2.96
绿色病虫害防控技术	81.13	53.31	48.68	29.80	17.88	8.28	0.66
绿色施肥技术	72.58	41.55	42.11	42.38	8.03	5.82	0.28
绿色废弃物利用技术	21.58	65.17	16.03	38.89	25.00	2.56	2.56
绿色灌溉技术	55.56	11.11	44.44	44.44	22.22	11.11	11.11

注：数据来源于调研数据整理；因题目设置为多项选择，故百分比之和大于1。

4.2.4.4　农户未采纳绿色农业技术的主要原因

从前文分析可知，样本农户对各项绿色农业技术的采纳程度整体偏低，仍有大量农户未采纳相关绿色农业技术。深入了解农户未采纳各项绿色农业技术的主要原因，有助于对症下药，采取恰当的措施推进农户采纳绿色农业技术。表4-9统计分析了样本农户未采纳绿色农业技术的主要原因。具体而言，不了解相关技术是农户未采纳绿色耕种技术的主要原因，采纳成本高和效益低也是阻碍农户采纳绿色耕种技术的重要因素。从其他各项绿色农业技术来看，不了解相关技术和采纳成本高是农户未采纳各项绿色农业技术的主要原因，采纳效益低和技术要求高也是造成农户未采纳各项绿色农业技术的重要因素。这表明政府部门有必要采取有针对性的综合措施，进一步加强相关绿色技术的宣传推广工作，帮助更多的农户了解并掌握相关绿色农业技术，降低农户采纳绿色农业技术的成本，提高农户采纳绿色农业技术的积极性。

表 4-9　样本农户未采纳绿色农业技术的主要原因　　单位:%

绿色技术	不了解相关技术	采纳成本高	采纳效益低	技术要求高	采纳风险高	其他
绿色耕种技术	59.07	20.25	21.52	3.38	0.42	4.22
绿色病虫害防控技术	55.23	45.42	5.56	11.11	7.52	3.92
绿色施肥技术	54.66	40.08	3.24	8.10	1.21	2.02
绿色废弃物利用技术	27.14	62.14	15.00	2.86	1.43	2.86
绿色灌溉技术	42.90	32.72	5.18	7.68	0.83	10.68

注：数据来源于调研数据整理；因题目设置为多项选择，故百分比之和大于1。

4.3　本章小结

首先，本章从宏观视角，利用《中国农业统计资料》《中国统计年鉴》《绿色食品统计年报》等宏观统计数据，系统梳理了我国农业绿色发展的历程，并提炼总结了每个农业绿色发展阶段的农户绿色技术采纳特征。其次，根据四川省水稻种植户的调研情况，本章交代了样本区域选择情况，从微观层面总结了样本农户的基本特征，并详细阐述了样本农户采纳绿色技术的环境状况以及其对绿色技术的认知和采纳状况。主要研究结果如下：

（1）综合我国不同历史时期的农业绿色政策环境、生产力水平、资源环境状况和发展理念的差异以及对农业绿色发展趋势的整体把控，大致可将我国绿色农业发展划分为萌芽期、形成期、发展期和优化升级期四个阶段。

（2）在不同的农业绿色发展阶段，农户采纳绿色农业技术具有不同的行为特征。绿色农业萌芽阶段，农户绿色意识欠缺，其绿色技术采纳行为多为政府法令强制推动；绿色农业形成阶段，绿色农业产业大多集中分布于少数试点和示范地区，主要由政府主导推动，农户被动采纳；绿色农业发展阶段，随着我国政府和人民对农业食品安全功能和生态功能的重视程度增加，部分农户已经具备农业绿色发展意识，并在绿色农产品市场需求的导向下，开始通过技术交流、培训、服务购买等渠道自主采纳绿色农业生产技术；绿色农业优化升级阶段，随着一系列推进农业绿色发展的政策文件密集出台，农业绿色发展保障机制不断完善，农业绿色发展意识已基本在广大农业经营者中普及，绿色农业技术采纳的渠道、种类、范围和规模都在不断增加，但受制于"信息困境"，大部分农户虽有农业绿色意识却没有足够的能力采纳并使用绿色农业技术，该时期大多数农户的传统生产方式未得到根本性改变。

（3）样本区域内，农户采纳绿色农业技术的社会环境、政策环境、市场环境总体较差，对采纳各项绿色农业技术的效益认知、风险认知和易用认知存在显著差异，总体认知水平还有待提升。样本农户对不同类别绿色技术的采纳程度存在显著差异，绿色废弃物利用技术的采纳程度最高，绿色灌溉技术的采纳程度最低。农资供应商、政府农技部门、邻里亲朋、其他农业经营者和互联网平台都是农户了解相关绿色农业技术的重要渠道，提高农产品质量、保护环境和节本增收是农户采纳绿色农业技术时考虑的主要因素。此外，不了解相关技术和采纳成本高是农户未采纳各项绿色农业技术的主要原因，采纳效益低和技术要求高也是造成农户未采纳各项绿色农业技术的重要因素。

5 数字赋能对农户绿色技术采纳的影响研究

当前，随着数字技术迭代更新速度的不断加快，数字经济逐渐成为继农业经济和工业经济之后的一种全新经济形态（戴翔和杨双至，2022），数字技术带来的放大、叠加、倍增作用为传统农业进行了全方位、全角度、全链条赋能（贾利军和陈恒烜，2021），其日益成为推动农业高质量发展的新引擎。尽管不同学者对农业高质量发展内涵的理解各异，但他们都具有一个重要共识，即绿色发展始终是农业高质量发展的题中之义（高强，2022）。然而，在小农生产的基本格局下，效率低、成本高、绿色意识差等小农户固有缺陷成为我国农业绿色发展和高质量发展的重要阻碍（马红坤和曹原，2022）。因此，在数字经济高速发展和农业高质量发展的时代背景下，数字技术能否帮助农户突破固有桎梏，提升其采纳绿色农业技术的能力，是值得我们深入探究的现实问题。基于此，本章在理论分析的基础上，利用四川省的微观农户数据，重点分析数字赋能与农户绿色技术采纳之间的相关关系，并从绿色技术种类、样本区域和农户群体差异视角剖析数字赋能对农户绿色技术采纳影响的异质性，以期深入揭示数字赋能对农户绿色技术采纳的影响。

5.1 研究假设的提出

数字赋能是通过数字技术的运用，赋予一定人群或组织相应行动能力的过程（李晓昀 等，2021）。随着互联网信息技术在我国农村的广泛普及，数字技术逐渐融入农户的生产生活，深刻改变着农户的思维方式与行为方式，为促进农户绿色技术采纳带来契机。现有研究表明，数字赋能可以有效降低绿色技术采纳成本、风险以及难易程度，提高农户绿色技术采纳的收益预期，从而激励农户进行绿色技术采纳。从降低成本来看，数字技术使绿色农业技术数字虚拟化，农户可以通过数字信息平台以较低成本参与绿色农业技术的学习、培训与交流，降低了其获取绿色农业技术的成本（黄季焜 等，2008；姜维军 等，2021；廖信林 等，2021）。通过数字交易平台，农户还可以加强与要素供应商之间的联系，有效减少绿色生产要素获取的中间环节，降低绿色生产要素的购买成本（张京京 等，2020）。从降低风险来看，一方面，绿色农业技术靶向性强、操作难度大，农户技术操作不当容易导致减产而出现技术风险；另一方面，绿色农产品市场存在信息不对称，可能出现"优质不优价"的市场风险（杜三峡 等，2021）。通过数字信息交流共享平台，农户不仅能够随时随地了解绿色农业技术的使用细节，确保绿色农业技术的正确使用，减少技术风险；还能直接对接消费者，根据消费者的绿色需求进行绿色生产，减少信息不对称，有效降低市场风险（Aker et al.，2016；张国胜 等，2021；缪沁男 等，2021）。从降低难易程度来看，数字技术打破了绿色农业技术传播的时空限制，拓宽了农户获取绿色技术的途径，农户通过移动互联网可以随时随地搜索、学习、交流、咨询相关绿色农业技术，大大降低了绿色农业技术的获取与使用难度（Baorakis et al.，2002；Karanasios，2018；Misaki，2018）。从增加预期收益来看，绿色技术采纳带来的农产品质量提升会增加消费者的消费意愿，从而提高绿色农产品价格（Rosen，1974），数字赋能通过降低绿色技术采纳的风险和成本，有效保障了绿色技术采纳的预期收益，在利益驱使下，农户更倾向于采纳绿色农业技术。

基于上述分析，可以推断数字赋能会正向影响农户绿色技术采纳，即相对于没有数字赋能的农户，具有数字赋能的农户更有可能采纳绿色农业技术。然而，在长期的工业化和城镇化的浪潮中，农村劳动力流动性增强，农户群体日益分化，导致我国农户群体内部的异质性逐步扩大（邓衡山 等，2016）。不同农户在年龄、受教育程度、种植规模等资源禀赋特征上存在较大差异，其对互联网信息技术、物联网、人工智能等数字技术的学习运用能力也各不相同，进而导致不同农户在数字赋能程度上也存在一定差异。一般而言，禀赋较好的农户学习运用数字技术的能力更强，数字技术对其行为能力的提升作用更为明显。以文化水平为例，相对于受教育程度较低的农户而言，受教育程度较高的农户知识更丰富，分析解决问题的能力更强，能更好地将数字技术运用于农业生产，提升其发展农业的能力（余威震和罗小锋，2022）。同理，农户的数字赋能程度不同，其对农户绿色技术采纳的影响程度也存在差异。相对于低水平的数字赋能，高水平的数字赋能对农户绿色技术采纳的促进作用更为明显。

综上所述，本书认为数字赋能对农户绿色技术采纳具有正向影响，数字赋能程度越高的农户，其绿色技术采纳的程度也越高，并提出以下假设：

假设 5-1：数字赋能对农户绿色技术采纳具有显著的促进作用。

假设 5-2：农户的数字赋能程度越高，其绿色技术采纳的程度也越高。

5.2 变量选取与描述性统计

5.2.1 变量选取

5.2.1.1 被解释变量

农户绿色农业技术采纳。为量化农户绿色农业技术采纳行为，在借鉴 Willy et al.（2013）、杨志海（2018）、张丰翼（2022）、刘杰（2022）等相关研究的基础上，结合水稻生产技术需求和农业农村部"一控两减三基本"的农业污染防治目标（李晓静 等，2020），本书选取了绿色耕种、绿色病虫害防控、绿色施肥、绿色灌溉和绿色废弃物处理五大类绿色农业技术综合反映农户绿色技术采纳情况，并以农户采纳绿色农业技术的数量衡量其采纳程度。其中，绿色耕种技术主要包括深松整地技术、少耕或免耕播种技术、轮作间种技术等；绿色病虫害防控技术主要包括生物农药、物理防控（灯光、灭虫板等）、生物天敌防控（鸭、蛙等）等；绿色施肥技术主要包括施用有机肥、绿肥和测土配方施肥技术；绿色灌溉技术主要是指节水灌溉技术（喷灌、滴灌等）；绿色废弃物处理技术主要包括秸秆还田、农膜回收利用、可降解农膜等。各项具体绿色农业技术的采纳情况均设置为二元变量，即采纳赋值为 1，否则赋值为 0。若农户采纳某类绿色农业技术中的一项或多项具体技术，则被认为是采纳了该类别的绿色农业技术。同时，以绿色耕种技术、绿色病虫害防控技术、绿色施肥技术、绿色灌溉技术和绿色废弃物处理技术 5 大类绿色农业技术采纳的综合值来表征农户的绿色技术采纳程度，其取值为采纳 0 种、1 种、2 种、3 种、4 种、5 种。

5.2.1.2　核心解释变量

数字赋能。数字赋能即数字技术赋能，主要是指通过互联网信息技术、物联网、人工智能等数字技术的运用进一步提升农户发展的能力（杨嵘均 等，2021）。现有相关研究资料中，已有少量学者尝试对数字赋能这一抽象构念进行测度分析，但并未得出一致结论。有学者从是否存在数字赋能视角测度数字赋能。例如，李军（2021）从宏观层面以是否为"宽带中国"示范城市作为数字赋能的衡量标准，分析了数字赋能对老年消费的影响。张国胜等（2021）则以微观劳动者的互联网使用状态衡量数字赋能，分析了数字赋能对劳动者收入的影响。也有学者在研究中不仅考虑了数字赋能存在的可能性，还进一步将数字赋能的程度纳入考虑。如张国胜等（2021）以企业是否使用数字管理系统衡量是否存在数字赋能，并以互联网销售额占比衡量数字赋能的程度，分析了数字赋能对企业技术创新的影响。

借鉴相关研究对数字赋能的测度思路，本书将从是否存在数字赋能和数字赋能程度两个方面展开测度。在大数据语境下，"数字"是指手机、电脑等智能设备产生的数据，以及收集、分析数据的数字设备和信息技术（杨嵘均 等，2021）。就农户而言，手机、电脑等智能设备在农村地区的普及使得农户能通过互联网获取和分析海量农业数据资源，这是数字赋能在农户层面最为直接的体现（罗明忠 等，2022；田红宇 等，2022）。因此，本书以农户是否通过互联网查询农业信息衡量数字赋能是否存在，参考杨柠泽（2020）、闫迪（2021）的做法，通过询问"农业生产经营过程中您是否使用手机或电脑查询农业信息"获取相关数据，若回答"是"，表明存在数字赋能，赋值为 1；反之则不存在数字赋能，赋值为 0。为更加全面、准确地测度数字赋能，本书进一步从数字技术在农资购买、农产品出售、技术学习、信息了解、社会交往等方面的应用程度层面测度数字赋能程度。在农资购买方面通过询问"您经常通过互联网购买农资，如种子、农药、化肥、农膜等"测量；在农产品销售方面通过询问"您经常通过互联网出售农产品，如通过微信群、朋友圈、微信小程序、拼多多、淘宝等"测量；在技术学习方面通过询问"您经常通过互联网搜索、了解、学习农业技术"测量；在信息了解方面通过询问"您经常通过互联网了解农资市场信息，如农资种类、价格等""您经常通过互联网了解农产品市场信息，如农产品供求、价格等信息""您经常通过互联网了解村庄和政府

信息，如政府的相关农业政策信息"测量；在社会交往方面通过询问"您
经常通过互联网与亲戚朋友沟通交流""您经常通过互联网与其他农业经
营主体交流，如其他农户、家庭农场、合作社等""您经常通过互联网与
农资供应商交流""您经常通过互联网与农产品消费者交流"测量。所有
选项均设置为李克特五级量表，并采用熵值法加权平均合成数字赋能程度
的综合指标。

5.2.1.3 控制变量

现有相关研究表明，农户绿色技术采纳行为还受农户个人特征、家庭
经营特征和环境特征等因素的影响（杨志海，2018；张童朝 等，2020；杨
彩艳 等，2021）。为保证模型的科学合理性，参考已有研究，本书将农户
个人、家庭经营和环境特征引入控制变量。其中，农户个人特征包括受访
者性别、年龄、受教育程度、政治身份、兼业情况、风险偏好等；家庭经
营特征包括家庭总人数、外出务工人数、家庭成员最高受教育程度、主要
成员政治身份、种植规模等；环境特征包括到县城距离、地形地貌特征和
地区虚拟变量。

5.2.1.4 工具变量

农户的数字赋能情况是其互联网使用行为决策的反映，可能因反向因
果或遗漏变量而存在潜在的内生性问题（张景娜 等，2020）。为增加模型
识别度，参考 Ciccone et al.（1996）、祝仲坤等（2018）以及罗明忠等
（2022）的做法，本书选取家庭通信支出作为数字赋能的工具变量，通过
询问"上一年度您家庭通信及网费支出为多少"来测量。家庭通信支出的
金额与农户数字赋能的程度密切相关，但其不会直接对农户绿色技术采纳
行为产生影响，故以家庭通信支出作为工具变量较为合理。具体变量选取
与赋值情况见表5-1。

表 5-1　变量选取与赋值说明

变量名称	变量定义与赋值
被解释变量	
绿色耕种技术	是否采用深松整地、少耕或免耕播种等绿色耕种技术，是＝1，否＝0
绿色防控技术	是否采用生物、物理等绿色病虫害防控技术，是＝1，否＝0
绿色施肥技术	是否采用商用有机肥、农家肥等绿色施肥技术，是＝1，否＝0

表5-1(续)

变量名称	变量定义与赋值
绿色废弃物利用技术	是否采用秸秆还田、回收农膜等绿色废弃物利用技术，是=1，否=0
绿色灌溉技术	是否使用滴灌、喷灌等绿色灌溉技术，是=1，否=0
绿色技术采纳程度	绿色生产行为的综合值，取值为0，1，2，3，4，5
核心解释变量	
是否数字赋能	是否使用手机或电脑查询农业信息，1=是，0=否
数字赋能程度	利用熵值法测算得出的数字赋能综合值
个人特征	
性别	受访者性别，1=男，0=女
年龄/岁	受访者年龄
受教育程度/岁	受访者受教育年限
村干部	受访者是否为村干部，1=是，0=否
是否兼业	受访者是否为兼业农户，1=是，0=否
风险倾向	受访者的风险倾向，1=低风险倾向，2=中风险倾向，3=高风险倾向
家庭经营特征	
总人数/人	受访者家庭总人数
务工人数/人	受访者家庭成员外出务工人数
最高受教育程度/人	受访者家庭成员中的最高受教育程度
家庭成员干部人数/人	受访者家庭成员中的村干部或公务员人数
种植规模	受访者水稻种植规模的对数
环境特征	
到县城的距离/km	实际距离
地形	受访者经营土地所在地的地形，1=平原，2=丘陵，3=山地
地区虚拟变量	1=成都平原经济区，2=川东北经济区，3=川南经济区
工具变量	
家庭通信支出	2021年受访者家庭通信及网费支出的对数

5.2.2　样本描述性统计

各变量的描述性统计及均值差异分析结果如表5-2所示。从样本农户的绿色技术采纳情况来看，绿色耕种技术、绿色病虫害防控技术、绿色施肥技术、绿色废弃物处理技术和绿色灌溉技术的均值分别为0.610、0.497、0.594、0.770、0.015，可以看出在样本农户中，绿色废弃物处理技术的采纳水平最高，其次为绿色耕种技术，绿色灌溉技术的采纳水平最低。农户绿色技术采纳程度的均值为2.485，表明样本农户的绿色技术采纳程度还普遍较低。从核心解释变量来看，是否数字赋能的均值为0.523，表明约有52%的样本农户或多或少地存在数字赋能。数字赋能程度均值仅为0.285，表明样本农户的数字赋能程度还相对较低。为进一步了解数字赋能组农户与非数字赋能组农户间的特征差异，本部分将总体样本划分为数字赋能组与非数字赋能组，并对两组样本农户的各项特征变量的均值差异进行t检验。结果显示两组样本农户的各项特征存在明显差异。其中，绿色耕种技术、绿色病虫害防控技术、绿色施肥技术、绿色废弃物处理技术和绿色技术采纳程度的均值差异均高度显著，但绿色灌溉技术的均值组间差异较小，且其显著水平较低。实地调研中发现四川绝大多数地区的水稻种植均为"靠天吃饭"，灌溉不便，绿色灌溉技术采纳水平普遍较低。此外，除性别和家庭总人数变量外，两组农户的其他基本特征差异均较为显著。

表5-2　变量描述性统计及均值差异分析

变量名称	总样本 ($N=608$)		数字赋能组 ($N=318$)		非数字赋能组 ($N=290$)		差值
	均值	标准差	均值	标准差	均值	标准差	
被解释变量							
绿色耕种技术	0.610	0.488	0.786	0.411	0.417	0.494	0.369***
绿色防控技术	0.497	0.500	0.723	0.448	0.248	0.433	0.475***
绿色施肥技术	0.594	0.492	0.786	0.411	0.383	0.487	0.403***
绿色废弃物利用技术	0.770	0.421	0.940	0.237	0.583	0.494	0.357***
绿色灌溉技术	0.015	0.121	0.006	0.079	0.024	0.154	-0.018*
绿色技术采纳程度	2.485	1.413	3.242	0.950	1.655	1.371	1.587***
核心解释变量							
是否数字赋能	0.523	0.500	—	—	—	—	—

表5-2(续)

变量名称	总样本 ($N=608$)		数字赋能组 ($N=318$)		非数字赋能组 ($N=290$)		差值
	均值	标准差	均值	标准差	均值	标准差	
数字赋能程度	0.285	0.300	—	—	—	—	
个人特征							
性别	0.877	0.329	0.858	0.349	0.897	0.305	−0.038
年龄	54.984	10.291	49.305	8.959	61.210	7.746	−11.905***
受教育程度	8.498	3.191	9.934	2.986	6.924	2.618	3.010***
村干部	0.148	0.355	0.189	0.392	0.103	0.305	0.085***
是否兼业	0.286	0.452	0.390	0.489	0.172	0.378	0.218***
风险倾向	2.125	0.832	2.516	0.718	1.697	0.733	0.819***
家庭经营特征							
总人数	4.684	1.802	4.78	1.577	4.579	2.018	0.201
务工人数	1.053	1.192	0.950	1.01	1.166	1.357	−0.216**
最高受教育程度	11.928	3.461	12.811	3.09	10.959	3.590	1.853***
家庭村干部人数	0.194	0.420	0.236	0.44	0.148	0.393	0.088**
种植规模	3.264	1.884	3.803	1.938	2.673	1.633	1.130***
环境特征							
到县城的距离	23.681	12.769	21.334	12.973	26.255	12.049	−4.921***
地形	1.691	0.507	1.597	0.522	1.793	0.469	−0.196***
地区虚拟变量	2.031	0.903	1.767	0.897	2.321	0.818	−0.553***
工具变量							
家庭通信支出	7.025	0.882	7.408	0.749	6.605	0.824	0.803***

注：*、**、***分别表示均值差异在10%、5%、1%的水平上显著。

5.3 模型构建

本章旨在探究数字赋能对农户绿色技术采纳的影响。农户的绿色技术采纳程度是本章的主要被解释变量，其数据类型属于典型的离散型排序数据，采用普通 OLS 回归可能会影响模型估计的准确性，一般认为 Ordered Probit 模型更适用于该类型的数据。但也有学者认为，只要模型设定无误，

OLS 模型和 Ordered Probit 模型均可对离散排序数据进行有效处理（罗明忠和刘子玉，2022）。因此，本章考虑同时将 OLS 模型和 Ordered Probit 模型纳入基准回归模型，初步分析数字赋能对农户绿色技术采纳的影响。然而，数字赋能对农户绿色技术采纳的作用可能会受到内生性的影响。尽管本书最大限度地将可能影响农户绿色技术采纳的个体特征、家庭经营特征和环境特征变量纳入控制，但仍可能存在某些能同时影响数字赋能和农户绿色技术采纳的遗漏变量，会带来严重的内生性问题，影响估计结果的准确性。为此，本章引入控制方程法（CFM）来处理由遗漏变量带来的内生性问题。实际上，农户数字赋能与否并不是随机的，会受到各种复杂因素的影响，因而样本可能存在自选择带来的偏差。为解决样本自选择带来的内生性问题，本章进一步采用倾向得分匹配法（PSM）来估计数字赋能对农户绿色技术采纳的影响。

5.3.1 OLS 模型

鉴于被解释变量农户绿色技术采纳程度可被看作一个连续变量，本章首先构建 OLS 模型来初步分析数字赋能对农户绿色技术采纳的影响。模型构建如下：

$$\text{GTA}_i = a_0 + a_1\text{DGT}_i + a_2\text{Control} + \varepsilon_i \qquad (5\text{--}1)$$

其中，GTA_i 为被解释变量，表示农户 i 的绿色技术采纳情况；DGT_i 为农户的数字赋能情况；Control 为其他影响农户绿色技术采纳的协变量，涵盖个体特征、家庭经营特征和环境特征等层面；a_0 为常数项，a_1、a_2 为待估参数，ε_i 为随机扰动项。

5.3.2 Ordered Probit 模型

同时，农户绿色技术采纳程度也是明显的排序变量，可采用 Ordered Probit 模型进行估计。参考马千惠等（2022）的研究，构建模型如下：

$$\text{GTA}_i^* = \beta_0 + \beta_1\text{DGT}_i + \beta_2\text{Control} + \varepsilon_i \qquad (5\text{--}2)$$

其中，GTA_i^* 表示农户 i 绿色技术采纳的潜变量，同 GTA_i 之间具有一定的数量关系。当 $\text{GTA}_i^* \leqslant r_0$ 时，农户未采纳任何绿色技术（$\text{GTA}_i = 0$）；当 $r_0 < \text{GTA}_i^* \leqslant r_1$ 时，农户采纳了 1 种绿色技术（$\text{GTA}_i = 1$）；当 $r_1 < \text{GTA}_i^* \leqslant r_2$ 时，农户采纳了 2 种绿色技术（$\text{GTA}_i = 2$）；当 $r_2 < \text{GTA}_i^* \leqslant r_3$ 时，农户采纳了 3 种绿色技术（$\text{GTA}_i = 3$）；当 $r_3 < \text{GTA}_i^* \leqslant r_4$ 时，农户采纳了 4 种绿

色技术（$\text{GTA}_i = 4$）；当 $r_4 < \text{GTA}_i^*$ 时，农户采纳了 5 种绿色技术（$\text{GTA}_i = 5$）。具体关系如下：

$$\text{GTA}_i = \begin{cases} 0, & \text{GTA}_i^* \leqslant r_0 \\ 1, & r_0 < \text{GTA}_i^* \leqslant r_1 \\ 2, & r_1 < \text{GTA}_i^* \leqslant r_2 \\ 3, & r_2 < \text{GTA}_i^* \leqslant r_3 \\ 4, & r_3 < \text{GTA}_i^* \leqslant r_4 \\ 5, & \text{GTA}_i^* > r_4 \end{cases} \tag{5-3}$$

其中，r_0、r_1、r_2、r_3、r_4 为农户绿色技术采纳行为的未知分割点，且 $r_0 < r_1 < r_2 < r_3 < r_4$。由此，不同绿色技术采纳情况的条件概率可表示为

$$P(\text{GTA}_i = 0) = \Phi(r_0 - \beta_1 \text{DGT}_i - \beta_2 \text{Control}) \tag{5-4}$$

$$P(\text{GTA}_i = 1) = \Phi(r_1 - \beta_1 \text{DGT}_i - \beta_2 \text{Control}) - \Phi(r_0 - \beta_1 \text{DGT}_i - \beta_2 \text{Control})$$

$$P(\text{GTA}_i = 2) = \Phi(r_2 - \beta_1 \text{DGT}_i - \beta_2 \text{Control}) - \Phi(r_1 - \beta_1 \text{DGT}_i - \beta_2 \text{Control})$$

$$P(\text{GTA}_i = 3) = \Phi(r_3 - \beta_1 \text{DGT}_i - \beta_2 \text{Control}) - \Phi(r_2 - \beta_1 \text{DGT}_i - \beta_2 \text{Control})$$

$$P(\text{GTA}_i = 4) = \Phi(r_4 - \beta_1 \text{DGT}_i - \beta_2 \text{Control}) - \Phi(r_3 - \beta_1 \text{DGT}_i - \beta_2 \text{Control})$$

$$P(\text{GTA}_i = 5) = 1 - \Phi(r_4 - \beta_1 \text{DGT}_i - \beta_2 \text{Control})$$

其中，$\Phi(\cdot)$ 表示标准正态分布的累计密度函数，该模型参数利用极大似然估计法进行估计。

5.3.3 控制方程法

控制方程法（CFM）是 Barnow et al.（1981）提出的，并由 Wooldridge（2015）发展完善的内生性纠正方法。该方法的函数形式较为灵活，主要分为两步：首先，将数字赋能情况同其工具变量和控制变量进行回归，并估计广义残差。其次，将广义残差纳入模型（5-1）中再次估计。若残差项显著，表明数字赋能这一变量具有内生性，将残差项纳入回归则可以纠正模型估计偏误。相反，若残差项不显著，则表明数字赋能这一变量不存在内生性问题，此时去掉残差项的回归结果具有更强的有效性和无偏性。参考李后建等（2021）、刘宇荧等（2022）的相关研究，可构建模型如下：

$$\text{DGT}_i = \delta_0 + \delta_1 \text{HCE}_i + \delta_2 \text{Control} + \omega_i \tag{5-5a}$$

$$\text{GTA}_i = b_0 + b_1 \text{DGT}_i + b_2 \sigma_i + b_3 \text{Control} + \epsilon_i \tag{5-5b}$$

其中，DGT_i、Control、GTA_i 定义同前文，HCE_i 表示农户 i 的家庭通信支出

情况，σ_i 为式（5-5a）回归获得的广义残差，δ_0、b_0 为常数项，δ_1、δ_2、b_1、b_2、b_3 为待估参数，ω_i 和 ϵ_i 为随机扰动项。

5.3.4　倾向得分匹配法

实际上，农户数字赋能与否并不是随机的，其选择过程可能会受到农户个体、家庭、环境等复杂因素的影响，这些因素同时也可能对农户绿色技术采纳行为产生影响，从而会导致系统差异，使数字赋能对农户绿色技术采纳的影响存在偏差。倾向得分匹配法（PSM）通过匹配再抽样让观测数据接近随机实验数据，以减少样本的系统差异，不仅可以使模型估计结果不受样本"自选择"带来的选择偏误影响，还能避免因模型误设而带来的外推偏误问题（柯晶琳 等，2022）。基于 PSM 的"反事实"分析思路，可以将样本分为数字赋能组和非数字赋能组。同时，定义数字赋能的平均处理效应（ATT）为

$$\text{ATT} = E(Y_{1i} \mid D_i = 1) - E(Y_{0i} \mid D_i = 1) = E(Y_{1i} - Y_{0i} \mid D_i = 1) \quad (5\text{-}6)$$

其中，Y_{1i} 和 Y_{0i} 分别表示同一农户 i 在存在数字赋能和不存在数字赋能两种情况下的绿色农业技术采纳状况。将研究样本限定在数字赋能组（$D_i = 1$），并测算农户在有数字赋能与没有数字赋能两种状态下的绿色技术采纳差异值。然而，现实中并不能同时观测到每个农户在两种数字赋能状态下（赋能或非赋能）的绿色农业技术采纳情况。利用 PSM，可以在非数字赋能组中为数字赋能组匹配一个相近样本，从而找到 $E(Y_{0i} \mid D_i = 1)$ 的替代值。由此，方程（5-6）可变为

$$\text{ATT} = E\{E[Y_{1i} - Y_{0i} \mid D_i = 1, \ p(X_i)]\} \quad\quad (5\text{-}7)$$
$$= E\{E[Y_{1i} \mid D_i = 1, \ p(X_i)] - E[Y_{0i} \mid D_i = 0, \ p(X_i)] \mid D_i = 1\}$$

其中，$p(X_i)$ 表示倾向得分，指在特征变量给定的情况下农户 i 数字赋能的条件概率，计算方式如下：

$$p(X) = \text{pr} \ (D_i = 1 \mid X_i) = \exp(\beta X_i)/[1 + \exp(\beta X_i)] \quad (5\text{-}8)$$

根据计算得到的倾向得分，通过不同的匹配方式，给每个数字赋能农户匹配到倾向得分相近的非数字赋能农户，从而构造出对照组。为保证结果的稳健性，本章同时采用三种不同匹配方法进行匹配。

5.4 实证结果分析

5.4.1 基准回归结果

为保证估计结果的准确性，在进行基准回归分析之前，首先对所有解释变量进行多重共线性检验。本书采用方差膨胀因子法（VIF）进行检验，估计结果如表 5-3 所示。结果显示，VIF 最大值为 2.12，最小值为 1.08，均值为 1.61，各项数值远低于 5，表明模型不存在多重共线性问题。

表 5-3　多重共线性检验结果

变量	VIF	1/VIF
是否数字赋能	1.73	0.578
性别	1.08	0.930
年龄	2.12	0.471
受教育程度	1.88	0.532
村干部	1.90	0.526
是否兼业	1.16	0.862
风险倾向	1.54	0.649
总人数	1.39	0.720
务工人数	1.37	0.729
最高受教育程度	1.42	0.705
干部人数	1.87	0.535
种植规模	2.01	0.497
到县城的距离	1.24	0.806
地形	1.86	0.536

数字赋能对农户绿色技术采纳具有显著的促进作用。表 5-4 同时展示了利用 OLS 模型和 Ordered Probit 模型估计数字赋能对农户绿色技术采纳影响的结果，该结果未将内生性问题纳入考虑，但仍可初步分析数字赋能对农户绿色技术采纳的影响。其中，第（1）、（4）列为数字赋能对农户绿色

技术采纳影响的估计结果，第（2）、（5）列为加入控制变量后的估计结果，第（3）、（6）列为加入地区虚拟变量后的估计结果。从整体模型回归效果来看，R^2 和 Pseudo R^2 均逐步提高，F 值和 Wald 值均在 1% 的水平上通过检验，表明 OLS 模型和 Ordered Probit 模型都运行良好。此外，不管是将农户数字技术采纳程度视作连续变量的 OLS 模型，还是将其视为排序变量的 Ordered Probit 模型，结果均显示数字赋能对农户绿色技术采纳的影响在 1% 水平上正向显著，纳入控制变量和地区虚拟变量后，这一结论仍然有效，表明数字赋能显著促进了农户绿色技术采纳，假设 5-1 得到初步验证。进一步从第（6）列的 Ordered Probit 模型估计结果来看，相对于没有数字赋能的农户，数字赋能户的绿色技术采纳程度提升了 0.8。可能的原因在于，数字技术的运用不仅可以使农户能更多地接触绿色环保知识信息，提升农户的绿色生产意识，还有助于降低绿色技术采纳的成本和风险，拓宽绿色农产品销路，增加农户收入（罗明忠和刘子玉，2022），从而促进农户采纳绿色生产技术。

表 5-4　数字赋能对农户绿色技术采纳影响的基准估计结果

变量名称	（1）OLS	（2）OLS	（3）OLS	（4）Ordered Probit	（5）Ordered Probit	（6）Ordered Probit
是否数字赋能	1.587***	0.872***	0.878***	1.345***	0.784***	0.800***
	(0.097)	(0.117)	(0.113)	(0.096)	(0.115)	(0.112)
性别		−0.057	−0.099		−0.070	−0.124
		(0.117)	(0.111)		(0.126)	(0.121)
年龄		−0.026***	−0.027***		−0.029***	−0.030***
		(0.006)	(0.006)		(0.007)	(0.007)
受教育程度		0.054***	0.064***		0.067***	0.081***
		(0.018)	(0.018)		(0.020)	(0.021)
村干部		0.081	0.042		0.030	−0.002
		(0.166)	(0.165)		(0.185)	(0.188)
是否兼业		−0.163*	−0.113		−0.188*	−0.139
		(0.097)	(0.095)		(0.103)	(0.103)
风险倾向		0.131*	0.149**		0.141*	0.169**
		(0.069)	(0.068)		(0.072)	(0.073)
总人数		0.112***	0.090***		0.123***	0.101***
		(0.028)	(0.029)		(0.030)	(0.031)

表5-4(续)

变量名称	（1）OLS	（2）OLS	（3）OLS	（4）Ordered Probit	（5）Ordered Probit	（6）Ordered Probit
务工人数		0.061	0.078*		0.071	0.089*
		(0.044)	(0.044)		(0.049)	(0.050)
最高受教育程度		0.016	0.020		0.011	0.015
		(0.016)	(0.015)		(0.016)	(0.016)
干部人数		0.148	0.177		0.184	0.223
		(0.139)	(0.140)		(0.152)	(0.157)
种植规模		0.081**	0.164***		0.085**	0.178***
		(0.032)	(0.038)		(0.033)	(0.040)
到县城的距离		−0.004	−0.003		−0.005	−0.004
		(0.004)	(0.003)		(0.003)	(0.003)
地形		0.024	−0.078		−0.009	−0.111
		(0.111)	(0.113)		(0.111)	(0.115)
地区虚拟变量	未控制	未控制	已控制	未控制	未控制	已控制
常数项	1.655***	1.799***	0.981*			
	(0.081)	(0.528)	(0.556)			
R^2	0.315 2	0.464 7	0.481 8			
Pseudo R^2				0.111 0	0.194 8	0.205 5
F 值	270.07***	49.86***	48.42***			
Wald 卡方值				196.83***	354.61***	359.56***
样本量	608	608	608	608	608	608

注：*、**、*** 分别表示估计结果在10%、5%、1%水平上显著；括号内为稳健标准误。

控制变量层面，大部分变量也对农户绿色技术采纳具有显著的影响，且估计结果与相关文献结论基本一致。根据第（6）列的 Ordered Probit 模型估计结果来看，年龄与农户绿色技术采纳在1%的水平上为负，表明年龄对农户绿色技术采纳具有显著的负向影响，这一结果与杨志海（2018）的研究结论相符。可能的原因是，老龄农户的人力资本水平相对较低，不利于其采纳农业新技术（闫阿倩 等，2021）。受教育程度与农户绿色技术采纳在1%的水平上显著为正，表明受教育程度能显著促进农户采纳绿色农业技术，该结果与吉星等（2022）的研究结论一致。可能的原因是，文化程度越高的农户更可能通过各种渠道增强绿色认知，从而促进其采纳绿色农业技术。风险倾向与农户绿色技术采纳在5%的水平上显著为正，表明风险倾向越高的农户越可能采纳绿色生产技术，该结果与高杨等（2019）的研究结论相符。可能的原因是，绿色技术采纳面临较高的技术风险和市场风险，风险倾向高的农户对绿色技术采纳潜在风险的承受能力更强，采纳绿色技术的可能性更高。农户家庭方面，家庭总人数、外出务工人数以及种植规模对农户绿色技术采纳都具有显著的正向影响，该结论与杜三峡等（2021）、张晓慧等（2022）、吉星等（2022）的研究结论一致。

5.4.2 内生性问题讨论与处理

前文通过基准回归模型初步分析了数字赋能对农户绿色技术采纳的影响，但考虑到模型难以避免地存在因遗漏变量和样本自选择偏差导致的内生性问题，可能会影响估计结果的可靠性，因而基准回归仅做参考。为解决可能存在的内生性问题，本书结合控制方程法（CFM）和倾向得分匹配法（PSM）进一步展开分析。

5.4.2.1 CFM 估计结果

CFM 可以有效解决由遗漏变量导致的内生性问题，表5-5 为数字赋能与农户绿色技术采纳的 CFM 估计结果。其中，第（1）列和第（2）列为CFM 的第一阶段 Probit 估计结果，即数字赋能和其工具变量的回归结果。第（3）列和第（4）列为 CFM 的第二阶段 Ordered Probit 估计结果，即绿色技术采纳程度同残差的回归结果。从第（2）列回归结果来看，农户家庭通信支出与数字赋能在1%的水平上显著为正，表明家庭通信支出对农户的数字赋能情况具有积极的促进作用，满足 CFM 第一阶段的工具变量相关性要求。从第（4）列回归结果来看，残差在1%的水平上显著为正，说明数字赋能确实具有内生性，将残差项纳入回归可以纠正模型的估计偏误。数字赋能对农户绿色技术采纳的影响在1%的水平上显著为正，系数为0.670，该结果略低于没有考虑内生性时的估计结果，表明不处理内生性问题会导致数字赋能对农户绿色技术采纳的影响被高估。

表5-5　数字赋能对农户绿色技术采纳的影响：基于 CFM

变量名称	（1） 是否数字赋能	（2） 是否数字赋能	（3） 绿色技术采纳程度	（4） 绿色技术采纳程度
是否数字赋能			0.608***	0.670***
			(0.113)	(0.114)

表5-5(续)

变量名称	(1)是否数字赋能	(2)是否数字赋能	(3)绿色技术采纳程度	(4)绿色技术采纳程度
家庭通信支出	0.752***	0.485***		
	(0.071)	(0.103)		
残差			1.854***	1.947***
			(0.187)	(0.420)
性别		-0.122		-0.105
		(0.228)		(0.117)
年龄		-0.060***		-0.000
		(0.011)		(0.009)
受教育程度		0.086***		0.038
		(0.029)		(0.023)
村干部		-0.085		0.017
		(0.278)		(0.186)
是否兼业		0.404***		-0.303***
		(0.155)		(0.108)
风险倾向		0.408***		-0.064
		(0.089)		(0.092)
总人数		-0.013		0.086***
		(0.041)		(0.032)
务工人数		-0.135*		0.121**
		(0.073)		(0.051)
最高受教育程度		0.023		0.001
		(0.022)		(0.017)
干部人数		0.066		0.198
		(0.245)		(0.156)
种植规模		-0.054		0.185***
		(0.056)		(0.040)
到县城的距离		-0.009*		0.000
		(0.006)		(0.004)
地形		0.100		-0.178
		(0.179)		(0.117)
地区虚拟变量	未控制	已控制	未控制	已控制
常数项	-5.218***	-1.379		
	(0.501)	(1.216)		

表5-5(续)

变量名称	（1） 是否数字赋能	（2） 是否数字赋能	（3） 绿色技术采纳程度	（4） 绿色技术采纳程度
Pseudo R^2	0.163 6	0.414 3	0.166 9	0.216 4
Wald 卡方值	112.23 ***	221.17 ***	228.67 ***	399.18 ***
样本量	608	608	608	608

注：*、**、*** 分别表示估计结果在10%、5%、1%水平上显著；括号内为稳健标准误；残差由第（2）列模型回归得出。

5.4.2.2 PSM 估计结果

前文通过 CFM 缓解由遗漏变量带来的内生性问题，但农户的数字赋能与否并不是随机的，例如经济较发达区域的互联网信息基础设施更发达，农户更有可能接触并使用数字技术，被数字赋能的概率更大。此外，农户个体和家庭特征也可能会对农户的数字技术运用能力产生影响（李文欢和王桂霞，2021）。这意味着存在数字赋能的农户与不存在数字赋能的农户之间有较大的系统性差异，故本书进一步采用 PSM 处理样本选择偏差带来的内生性问题。

共同支撑域检验作为 PSM 的基础性检验，可以大致检验样本的匹配效果。其中，不同匹配方法的共同支撑域和样本损失量可能存在差异，一般而言，共同支撑域范围越大，则样本匹配损失越小，匹配效果越好。图5-1 从左到右分别为最近邻匹配、半径匹配和核匹配的共同支撑域。可以看出，三种匹配方式的共同支撑域略有差异，但共同支撑域范围都较大，仅有少量观测值不在共同支撑域内，这表明三种匹配方式的样本损失量都较小，匹配效果较为理想。

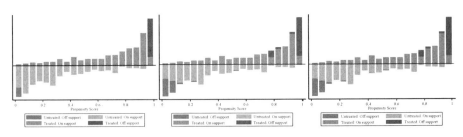

图5-1　最近邻匹配、半径匹配和核匹配的共同支撑域

平衡性检验可以检验匹配前后处理组和控制组样本的系统性差异变化，是进行 PSM 分析必备的匹配性检验之一。表5-6 为三种匹配方法的平

衡性检验结果。可以看到，与匹配前相比，Pseudo R^2、LR 统计量、均值偏差和中位数偏差均明显降低，解释变量的联合显著性检验由高度显著变为不显著。这表明 PSM 大大降低了处理组和控制组之间的系统偏误，组间样本特征相似，平衡性检验结果较好。

表 5-6 平衡性检验结果

匹配方法	Pseudo R^2	LR 统计量	P 值	均值偏差/%	中位数偏差/%
匹配前	0.386	324.70	0.000	53.5	39.4
最近邻匹配	0.027	19.41	0.111	9.4	7.2
半径匹配	0.024	16.19	0.239	9.0	10.1
核匹配	0.016	11.21	0.594	6.3	4.6

虽然本书已尽可能地将农户个体特征、家庭经营特征以及环境特征变量纳入控制，但仍可能有遗漏变量和选择偏差问题，进而导致数字赋能的效应被高估或者低估。为保证估计结果的可靠性，学界一般采用 Rosenbaum 边界法来检验估计结果对未观测因素的敏感性（颜华和张琪，2022）。

表 5-7 为三种匹配方式的敏感性分析结果，Gamma 表示由未观测因素造成的隐藏偏差的大小，一般认为 Gamma 接近 2 时，估计结果对未观测因素的敏感性较低，估计结果可靠。从表 5-7 可以看出，Gamma 等于 2 时，三种匹配方式的 sig+ 与 sig- 值均为 0，表明数字赋能对农户绿色技术采纳的平均处理效应（ATT）是高度显著的，估计结果对未观测因素是不敏感的，模型估计结果稳健可靠。

表 5-7 Rosenbaum 边界敏感性分析

Gamma	最近邻匹配		半径匹配		核匹配	
	sig+	sig-	sig+	sig-	sig+	sig-
1.0	0.000	0.000	0.000	0.000	0.000	0.000
1.1	0.000	0.000	0.000	0.000	0.000	0.000
1.2	0.000	0.000	0.000	0.000	0.000	0.000
1.3	0.000	0.000	0.000	0.000	0.000	0.000
1.4	0.000	0.000	0.000	0.000	0.000	0.000
1.5	0.000	0.000	0.000	0.000	0.000	0.000

表5-7(续)

Gamma	最近邻匹配		半径匹配		核匹配	
	sig+	sig-	sig+	sig-	sig+	sig-
1.6	0.000	0.000	0.000	0.000	0.000	0.000
1.7	0.000	0.000	0.000	0.000	0.000	0.000
1.8	0.000	0.000	0.000	0.000	0.000	0.000
1.9	0.000	0.000	0.000	0.000	0.000	0.000
2.0	0.000	0.000	0.000	0.000	0.000	0.000

数字赋能可以有效促进农户绿色技术采纳。表5-8的结果显示，三种匹配方式的ATT值分别为0.942、0.915、0.871，估计结果较为接近，且均在1%的水平上显著，再次表明估计结果较为稳健，数字赋能对农户绿色技术采纳具有显著的促进作用，假设5-1得到验证。从均值来看，实验组、对照组和ATT的均值分别为3.121、2.212、0.909，可以理解为数字赋能组农户如果没有数字赋能，其绿色技术采纳程度的均值为2.212，但由于存在数字赋能，其绿色技术采纳程度的均值增加到3.121，增加了0.909。

表5-8　数字赋能对农户绿色技术采纳的平均处理效应

匹配方法	实验组	对照组	ATT
最近邻匹配	3.123	2.181	0.942*** (0.227)
半径匹配	3.118	2.203	0.915*** (0.191)
核匹配	3.123	2.252	0.871*** (0.174)
平均值	3.121	2.212	0.909

注：*** 表示估计结果在1%水平上显著；括号内的标准误由自助法重复抽样500次得到。

5.4.3　稳健性检验

为进一步验证上述分析结果的稳健性，借鉴冷晨昕和祝仲坤（2018）、罗明忠和刘子玉（2022）的相关研究，本书主要通过替换核心解释变量和更换估计方法来进行稳健性检验。

5.4.3.1　替换核心解释变量

替换核心解释变量后，数字赋能对农户绿色技术采纳的促进作用依然成立。从前文分析可知，农户是否数字赋能对其绿色技术采纳行为具有显著的正向影响，但农户群体的差异性导致农户间的数字赋能程度可能并不相同，进而导致数字赋能对农户绿色技术采纳的影响程度也存在差异。因此，为更加全面分析数字赋能对农户绿色技术采纳的影响，同时检验前文分析结果的稳健性，本书考虑替换核心解释变量进行重新回归，即把"是否数字赋能"替换为"数字赋能程度"，分析不同数字赋能程度对农户绿色技术采纳的影响。如表 5-9 所示，将核心解释变量替换为数字赋能程度后，F 值和 Wald 卡方值均在 1% 水平上高度显著，模型运行良好。此外，不管是将农户数字技术采纳程度视作连续变量的 OLS 模型，还是将其视为排序变量的 Ordered Probit 模型，数字赋能程度对农户绿色技术采纳的影响均在 1% 的水平上显著为正，这表明数字赋能程度越高的农户，其绿色技术采纳程度也会越高，假设 5-2 得到验证。同时，也进一步证实，数字赋能对农户绿色技术采纳的促进作用是稳健、可靠的。

表 5-9 数字赋能程度对农户绿色技术采纳的影响

变量名称	(1) OLS	(2) OLS	(3) OLS	(4) Ordered Probit	(5) Ordered Probit	(6) Ordered Probit
数字赋能程度	2.790***	1.676***	1.675***	3.042***	2.179***	2.223***
	(0.125)	(0.226)	(0.223)	(0.234)	(0.285)	(0.287)
性别		−0.028	−0.068		−0.063	−0.123
		(0.112)	(0.108)		(0.121)	(0.115)
年龄		−0.019***	−0.019***		−0.017**	−0.018**
		(0.007)	(0.007)		(0.007)	(0.008)
受教育程度		0.034*	0.044**		0.041*	0.056**
		(0.020)	(0.020)		(0.022)	(0.022)
村干部		0.259	0.220		0.242	0.217
		(0.166)	(0.163)		(0.191)	(0.191)
是否兼业		−0.136	−0.087		−0.171*	−0.120
		(0.097)	(0.095)		(0.103)	(0.103)
风险倾向		0.164**	0.183***		0.136*	0.164**
		(0.070)	(0.069)		(0.075)	(0.075)
总人数		0.113***	0.092***		0.122***	0.100***
		(0.029)	(0.030)		(0.030)	(0.032)
务工人数		0.039	0.056		0.056	0.074
		(0.043)	(0.043)		(0.050)	(0.052)
最高受教育程度		0.031**	0.035**		0.023	0.028*
		(0.016)	(0.016)		(0.017)	(0.017)

表5-9(续)

变量名称	(1) OLS	(2) OLS	(3) OLS	(4) Ordered Probit	(5) Ordered Probit	(6) Ordered Probit
干部人数		0.044	0.072		0.073	0.111
		(0.144)	(0.142)		(0.160)	(0.163)
种植规模		0.079***	0.160***		0.086***	0.183***
		(0.030)	(0.036)		(0.032)	(0.039)
到县城的距离		−0.000	0.001		−0.001	−0.000
		(0.004)	(0.004)		(0.004)	(0.004)
地形		0.103	0.004		0.063	−0.040
		(0.106)	(0.106)		(0.108)	(0.109)
地区虚拟变量	未控制	未控制	已控制	未控制	未控制	已控制
常数项	1.691***	1.036*	0.243			
	(0.075)	(0.568)	(0.593)			
R^2	0.352 0	0.459 6	0.475 9			
Pseudo R^2				0.155 8	0.208 7	0.219 6
F值	494.69***	52.78***	50.82***			
Wald卡方值				168.77***	354.48***	336.02***
样本量	608	608	608	608	608	608

注：*、**、***分别表示估计结果在10%、5%、1%水平上显著；括号内为稳健标准误。

5.4.3.2 更换估计方法

更换估计方法后，数字赋能对农户绿色技术采纳的促进作用依然存在。一般认为，Ordered Probit 和 Ordered Logit 模型均能较好地处理排序数据，二者的区别在于 Ordered Probit 模型服从标准正态分布，而 Ordered Logit 模型则服从逻辑分布，二者估计得出的系数略有差异，但得到的结论是一致的。因此，选用 Ordered Logit 模型替换 Ordered Probit 模型能较好地检验前文结果的稳健性。表5-10为替换模型后的估计结果，第（1）列到第（3）列的估计结果为是否数字赋能对农户绿色技术采纳的影响，第（4）列到第（6）列的估计结果为数字赋能程度对农户绿色技术采纳的影响。整体来看，Wald 卡方值均值1%水平上显著，各模型运行效果良好。从第（3）列来看，是否数字赋能对农户绿色技术采纳的影响在1%水平上显著为正，说明是否数字赋能对农户绿色技术采纳具有积极的促进作用，与前文分析结果一致，所得结论稳健可靠。从第（6）列来看，数字赋能程度对农户绿色技术采纳的影响在1%水平上显著为正，表明数字赋能程度越高的农户，其绿色技术采纳程度也越高，与前文分析结果一致，假设

5-2 再次得到验证。总而言之，不管是基于是否数字赋能视角的回归结果，还是基于数字赋能视角的回归结果，都与前文所得结论一致，表明数字赋能对农户绿色技术采纳的影响稳健可靠。

表 5-10　数字赋能对农户绿色技术采纳的影响：基于 Ordered Logit 模型

变量名称	（1）Ordered Logit	（2）Ordered Logit	（3）Ordered Logit	（4）Ordered Logit	（5）Ordered Logit	（6）Ordered Logit
是否数字赋能	2. 275*** (0. 163)	1. 333*** (0. 200)	1. 328*** (0. 196)			
数字赋能程度				5. 422*** (0. 359)	3. 982*** (0. 506)	4. 051*** (0. 511)
性别		−0. 129 (0. 220)	−0. 192 (0. 213)		−0. 161 (0. 210)	−0. 236 (0. 202)
年龄		−0. 057*** (0. 013)	−0. 060*** (0. 014)		−0. 034** (0. 014)	−0. 035** (0. 015)
受教育程度		0. 115*** (0. 035)	0. 144*** (0. 036)		0. 068* (0. 038)	0. 095** (0. 039)
村干部		−0. 066 (0. 318)	−0. 126 (0. 330)		0. 345 (0. 341)	0. 300 (0. 346)
是否兼业		−0. 302* (0. 183)	−0. 218 (0. 186)		−0. 275 (0. 189)	−0. 194 (0. 190)
风险倾向		0. 210* (0. 124)	0. 266** (0. 127)		0. 173 (0. 133)	0. 243* (0. 136)
总人数		0. 216*** (0. 054)	0. 177*** (0. 057)		0. 213*** (0. 055)	0. 172*** (0. 059)
务工人数		0. 064 (0. 081)	0. 098 (0. 084)		0. 025 (0. 084)	0. 061 (0. 087)
最高受教育程度		0. 013 (0. 029)	0. 020 (0. 029)		0. 036 (0. 030)	0. 046 (0. 030)
干部人数		0. 347 (0. 268)	0. 426 (0. 291)		0. 117 (0. 290)	0. 200 (0. 309)
种植规模		0. 150** (0. 060)	0. 311*** (0. 074)		0. 155*** (0. 057)	0. 327*** (0. 071)
到县城的距离		−0. 008 (0. 006)	−0. 006 (0. 006)		−0. 000 (0. 006)	0. 001 (0. 006)
地形		−0. 041 (0. 197)	−0. 192 (0. 203)		0. 047 (0. 192)	−0. 100 (0. 192)
地区虚拟变量	未控制	未控制	已控制	未控制	未控制	已控制

表5-10（续）

变量名称	（1）Ordered Logit	（2）Ordered Logit	（3）Ordered Logit	（4）Ordered Logit	（5）Ordered Logit	（6）Ordered Logit
Pseudo R^2	0.109 6	0.195 4	0.206 0	0.163 3	0.212 1	0.223 3
Wald 卡方值	194.01***	305.56***	314.54***	228.10***	307.51***	290.99***
样本量	608	608	608	608	608	608

注：*、**、***分别表示估计结果在10%、5%、1%水平上显著；括号内为稳健标准误。

5.4.4 异质性分析

尽管前文验证了数字赋能对农户绿色技术采纳的积极促进作用，但这是将农户绿色技术采纳情况作为一个整体纳入模型中进行研究的。水稻绿色生产技术涉及产前、产中、产后多种类绿色技术，而不同种类的绿色农业技术的采纳条件和环境各不相同，导致数字赋能对不同绿色技术采纳的影响也可能存在一定差异。同时，本书研究区域涵盖成都平原经济区、川南经济区和川东北经济区，研究区域的地理和社会经济差异较大，不同区域农户的数字赋能情况和绿色技术采纳情况也可能存在较大差异。此外，农户群体本身在年龄、受教育程度等个体特征上也存在较大差异，数字赋能对不同农户群体绿色技术采纳的促进作用也可能存在异质性。因此，为更加深入地探究数字赋能对农户绿色技术采纳的影响，本书考虑从绿色技术类别、经济区域和农户群体三个方面进行样本细分，对比分析数字赋能对农户绿色技术采纳的异质性特征。

5.4.4.1 数字赋能与农户绿色技术采纳：绿色技术类别的异质性

为深入探讨数字赋能对不同种类绿色农业技术采纳的影响，本书将绿色农业技术细分为绿色耕种技术、绿色病虫害防控技术、绿色施肥技术、绿色废弃物利用技术和绿色灌溉技术，以此来进一步进行回归分析。因各项技术采纳与否为二元选择变量（详见5.2.1变量选取），这里采用Probit模型进行回归，结果如表5-11所示。其中，第（1）列至第（5）列为是否数字赋能对农户采纳各项绿色技术的影响，第（6）列至第（10）列为数字赋能程度对农户采纳各项绿色技术的影响。结果显示，各模型的Wald卡方值均在1%水平上显著，模型运行效果较好。从数字赋能对各项绿色技术采纳的影响来看，除绿色灌溉技术外，是否数字赋能和数字赋能程度均对各类绿色农业技术具有显著的促进作用。

表 5-11 数字赋能对各项绿色农业技术采纳的影响

变量名称	(1) 耕种技术	(2) 病虫害防控技术	(3) 施肥技术	(4) 废弃物利用技术	(5) 灌溉技术	(6) 耕种技术	(7) 病虫害防控技术	(8) 施肥技术	(9) 废弃物利用技术	(10) 灌溉技术
是否数字赋能	0.735*** (0.151)	0.756*** (0.142)	0.615*** (0.146)	0.754*** (0.175)	-0.885 (0.578)					
数字赋能程度						1.224*** (0.372)	2.524*** (0.339)	2.519*** (0.379)	2.319*** (0.499)	-1.564 (1.189)
性别	0.149 (0.188)	-0.261 (0.183)	-0.223 (0.184)	-0.250 (0.245)	-0.037 (0.478)	0.117 (0.190)	-0.274 (0.186)	-0.245 (0.183)	-0.265 (0.240)	0.178 (0.466)
年龄	-0.022** (0.009)	-0.019** (0.009)	-0.025*** (0.008)	-0.038*** (0.013)	-0.015 (0.021)	-0.021** (0.010)	-0.003 (0.009)	-0.008 (0.009)	-0.032** (0.014)	-0.012 (0.025)
受教育程度	0.068** (0.028)	0.084*** (0.026)	0.109*** (0.026)	0.022 (0.027)	-0.149** (0.074)	0.062** (0.028)	0.051* (0.027)	0.078*** (0.027)	0.013 (0.029)	-0.137** (0.065)
村干部	-0.555** (0.245)	-0.064 (0.255)	0.075 (0.258)	0.491 (0.320)	2.116*** (0.706)	-0.435* (0.253)	0.182 (0.262)	0.287 (0.279)	0.574* (0.315)	1.885*** (0.626)
是否兼业	-0.122 (0.141)	0.001 (0.137)	-0.048 (0.136)	-0.273 (0.174)	0.485 (0.430)	-0.073 (0.140)	0.018 (0.144)	-0.041 (0.143)	-0.250 (0.176)	0.485 (0.383)
风险倾向	0.004 (0.085)	0.165* (0.087)	0.063 (0.083)	0.249*** (0.095)	0.139 (0.233)	0.036 (0.084)	0.139 (0.090)	0.034 (0.086)	0.243** (0.095)	0.094 (0.199)
总人数	0.046 (0.042)	0.128*** (0.038)	0.159*** (0.039)	0.008 (0.041)	-0.315* (0.179)	0.043 (0.041)	0.129*** (0.038)	0.156*** (0.039)	0.005 (0.041)	-0.314* (0.187)

表5-11（续）

变量名称	(1) 耕种技术	(2) 病虫害防控技术	(3) 施肥技术	(4) 废弃物利用技术	(5) 灌溉技术	(6) 耕种技术	(7) 病虫害防控技术	(8) 施肥技术	(9) 废弃物利用技术	(10) 灌溉技术
务工人数	0.151**	-0.011	-0.026	0.084	0.457**	0.141**	-0.038	-0.038	0.069	0.460**
	(0.063)	(0.058)	(0.056)	(0.070)	(0.208)	(0.062)	(0.059)	(0.058)	(0.076)	(0.226)
最高受教育程度	0.009	0.018	-0.005	0.029	0.172**	0.015	0.031	0.006	0.037	0.152*
	(0.021)	(0.020)	(0.020)	(0.022)	(0.079)	(0.021)	(0.020)	(0.020)	(0.023)	(0.079)
干部人数	0.039	0.363*	0.240	0.020	-0.791	-0.013	0.257	0.127	0.048	-0.678
	(0.207)	(0.213)	(0.205)	(0.229)	(0.533)	(0.218)	(0.227)	(0.228)	(0.233)	(0.527)
种植规模	0.397***	0.128**	-0.070	0.161***	0.104	0.389***	0.143***	-0.074	0.178***	0.138
	(0.063)	(0.051)	(0.048)	(0.060)	(0.115)	(0.063)	(0.051)	(0.052)	(0.064)	(0.118)
到县城的距离	0.013**	-0.020***	-0.011**	0.006	0.003	0.014***	-0.014**	-0.005	0.010*	0.001
	(0.005)	(0.005)	(0.005)	(0.006)	(0.014)	(0.005)	(0.006)	(0.005)	(0.006)	(0.014)
地形	-0.204	0.087	-0.060	-0.233	-0.316	-0.157	0.185	0.003	-0.217	-0.383
	(0.160)	(0.161)	(0.157)	(0.177)	(0.361)	(0.154)	(0.164)	(0.159)	(0.178)	(0.355)
地区虚拟变量	已控制	已控制	已控制	已控制	已控制	已控制	已控制	已控制	已控制	已控制
常数项	-1.984**	-1.936**	0.072	1.156	-5.272***	-2.101**	-3.241***	-1.157	0.439	-5.574***
	(0.899)	(0.778)	(0.766)	(0.986)	(1.833)	(0.963)	(0.857)	(0.857)	(1.091)	(1.875)
Pseudo R^2	0.315 0	0.283 2	0.227 0	0.319 8	0.383 6	0.302 6	0.320 5	0.271 5	0.325 2	0.372 1
Wald 卡方值	195.24***	193.43***	156.42***	151.28***	44.47***	167.42***	221.02***	159.24***	122.35***	48.01***
样本量	608	608	608	608	608	608	608	608	608	608

数字赋能对不同绿色农业技术的影响具有异质性。具体而言，从是否存在数字赋能对农户采纳各项绿色技术的影响来看，是否数字赋能对农户采纳绿色耕种技术、绿色病虫害防控技术、绿色施肥技术和绿色废弃物利用技术的影响均在1%水平上显著为正，且估计系数相当。这表明数字赋能存在与否对农户采纳绿色耕种技术、绿色病虫害防控技术、绿色施肥技术和绿色废弃物利用技术都具有显著的影响，且影响效果相近。然而，是否数字赋能与绿色灌溉技术采纳的估计结果并不显著，表明是否存在数字赋能对农户采纳绿色灌溉技术没有明显的影响。从实际调研情况来看，调研区域属于亚热带季风气候区，全年降水相对丰沛，绝大部分农户反映其水稻种植属于典型的"靠天吃饭"，灌溉水平较低，加之节水灌溉设施的投入维护成本较高，农户普遍没有采纳绿色灌溉技术的意愿。从数字赋能程度对农户采纳各项绿色农业技术的影响来看，数字赋能程度对农户采纳绿色耕种技术、绿色病虫害防控技术、绿色施肥技术和绿色废弃物利用技术的影响系数分别为1.224、2.524、2.519、2.319，且均通过1%的显著水平检验。这表明数字赋能程度对农户采纳各项绿色农业技术都具有显著的影响，但影响程度存在一定的差异。可能的原因是，绿色病虫害防控技术与绿色施肥技术的采纳要求和成本较低，农户可以通过数字技术较为方便地学习并采用相关技术，且绿色病虫害防控技术与绿色施肥技术是直接关系到水稻产量和质量的技术，农户的采纳意愿也会相对强烈。而绿色废弃物利用技术主要依靠政府的宣传和相关政策的强制推行，如禁止焚烧秸秆，进行秸秆还田的相关政策[①]，数字技术虽然在一定程度上有助于政府宣传和技术传播，但整体作用有限。绿色耕种技术中，深松整地技术一般要求马力较大的耕地机，而调研农户多为小农户，多使用小型耕地机耕地，仅有少部分种植规模较大的农户具有采纳深松整地技术的条件。此外，调研农户普遍认为少耕或免耕播种技术会降低水稻产量、而轮作间种技术对水田来说采纳成本较高，农户的采纳意愿总体较低。因此，总体来说，数字赋能程度对农户采纳绿色耕种技术的影响相对较低。数字赋能程

---

① 四川省禁止焚烧秸秆和秸秆综合利用相关政策措施举例如下：（1）《四川省节能减排综合工作方案（2017—2020年）》提出要全面加强秸秆禁烧工作，逐级落实秸秆禁烧责任，健全区域秸秆禁烧联动机制，加大秸秆露天焚烧问责力度。（2）《四川省"十四五"生态环境保护规划》指出要以县为单位整体推进秸秆综合利用，鼓励秸秆产业化跨区域发展，到2025年，建成较为完善的秸秆收储运用体系，秸秆综合利用率保持在90%以上。

度与绿色灌溉技术采纳的回归结果不显著，这表明数字赋能对农户采纳绿色灌溉技术没有明显的影响，这与前文结论一致。

5.4.4.2　数字赋能与农户绿色技术采纳：经济区域的异质性

为进一步探究数字赋能对农户绿色技术采纳影响的区域差异，参照四川省五大经济区划分标准①，本书根据样本来源将总体样本细分为成都平原经济区、川东北经济区和川南经济区，并从是否存在数字赋能和数字赋能程度两方面分析数字赋能对农户绿色技术采纳的影响，回归结果如表5-12所示。其中，第（1）列到第（3）列为是否数字赋能对农户绿色技术采纳影响的回归结果，第（4）列到第（6）列为数字赋能程度对农户绿色技术采纳影响的回归结果。从模型整体效果来看，Wald卡方值均在1%水平上高度显著，模型运行结果较好。

数字赋能对农户绿色技术采纳的影响具有区域异质性。具体而言，由第（1）列到第（3）列的回归结果可知，是否数字赋能对农户绿色技术采纳的影响在三大经济区均通过1%的显著水平检验，系数分别0.851、0.706、0.680，系数差异较小，这表明是否数字赋能对农户绿色技术采纳的积极促进作用在各经济区域都明显存在。然而，数字赋能程度对农户绿色技术采纳的影响仅在成都平原经济区和川南经济区通过1%的显著水平检验，系数分别为4.702和1.557，在川东北经济区的系数为0.761，但未通过显著性检验。表明在成都平原经济区和川南经济区，数字赋能程度对农户绿色技术采纳具有显著的促进作用，且该作用在成都平原经济区更为明显，而在川东北经济区，数字赋能程度对农户绿色技术采纳没有明显的影响。

总的来说，不管是从数字赋能是否存在角度看，还是从数字赋能程度角度看，数字赋能对农户绿色技术采纳的促进作用在成都平原经济区更为明显。一方面，成都平原经济区的数字基础设施相对完善，数字技术对农村的推广运用更为广泛，对农户的赋能作用更为明显。另一方面，成都平原经济区的经济水平发展较高，城市人口更为密集，对绿色农产品的需求更大，农户生产的绿色农产品更可能实现优质优价，对绿色技术的采纳意愿也更强。川南经济区虽然在是否数字赋能和数字赋能程度两方面都与农

① 四川省五大经济区分别为：1. 成都平原经济区（成都、德阳、绵阳、遂宁、资阳、眉山、乐山、雅安）。2. 川南经济区（内江、自贡、泸州、宜宾）。3. 川东北经济区（南充、达州、巴中、广元、广安）。4. 攀西经济区（攀枝花、凉山）。5. 川西北经济区（甘孜、阿坝）。

户绿色技术采纳呈现出显著的正相关关系，但总体相关程度远低于成都平原经济区。川东北经济区在是否数字赋能方面与农户绿色技术采纳正向相关，但在数字赋能程度对农户绿色技术采纳的影响方面并不显著，说明川东北经济区虽然也存在数字赋能对农户绿色技术采纳的影响，但受制于其自然和社会经济条件，数字技术在农业领域的推广运用程度较低，数字赋能对农户绿色技术采纳的促进作用有限。

表 5-12　数字赋能对农户绿色技术采纳影响的区域差异

变量名称	（1）成都平原经济区	（2）川东北经济区	（3）川南经济区	（4）成都平原经济区	（5）川东北经济区	（6）川南经济区
是否数字赋能	0.851 ***	0.706 ***	0.680 ***			
	（0.208）	（0.238）	（0.191）			
数字赋能程度				4.702 ***	0.761	1.557 ***
				（0.517）	（0.611）	（0.474）
性别	0.085	0.444	-0.282	-0.039	0.399	-0.299 *
	（0.260）	（0.398）	（0.192）	（0.285）	（0.385）	（0.177）
年龄	-0.084 ***	0.012	-0.047 ***	-0.035	0.011	-0.045 ***
	（0.016）	（0.014）	（0.012）	（0.021）	（0.015）	（0.012）
受教育程度	0.179 ***	0.061	0.012	0.071	0.068	0.008
	（0.043）	（0.057）	（0.032）	（0.050）	（0.058）	（0.032）
村干部	-0.413	0.303	-0.034	0.151	0.395	0.004
	（0.376）	（0.464）	（0.304）	（0.423）	（0.442）	（0.305）
是否兼业	-0.112	0.035	-0.123	-0.192	0.184	-0.101
	（0.178）	（0.232）	（0.194）	（0.195）	（0.242）	（0.188）
风险倾向	0.158	-0.153	0.343 ***	0.173	-0.163	0.394 ***
	（0.162）	（0.141）	（0.126）	（0.166）	（0.152）	（0.118）
总人数	0.033	0.086	0.089 *	0.035	0.112 *	0.084 *
	（0.083）	（0.064）	（0.047）	（0.084）	（0.067）	（0.047）
务工人数	-0.079	0.100	0.189 ***	-0.186 *	0.051	0.200 ***
	（0.106）	（0.099）	（0.069）	（0.107）	（0.104）	（0.071）
最高受教育程度	-0.035	0.034	0.025	-0.033	0.062	0.022
	（0.029）	（0.040）	（0.027）	（0.030）	（0.040）	（0.027）
干部人数	0.548	-0.554	0.573 **	0.330	-0.541	0.570 **
	（0.334）	（0.393）	（0.255）	（0.332）	（0.371）	（0.263）

表5-12（续）

变量名称	（1）成都平原经济区	（2）川东北经济区	（3）川南经济区	（4）成都平原经济区	（5）川东北经济区	（6）川南经济区
种植规模	0.111*	-0.286**	0.169**	0.128**	-0.242**	0.144*
	(0.059)	(0.116)	(0.072)	(0.058)	(0.115)	(0.075)
到县城的距离	-0.021**	-0.015***	0.014	-0.017*	-0.015**	0.021*
	(0.009)	(0.006)	(0.013)	(0.010)	(0.006)	(0.013)
地形	-0.423**	0.154	0.518**	-0.393**	0.181	0.513**
	(0.202)	(0.242)	(0.228)	(0.200)	(0.234)	(0.211)
Pseudo R^2	0.358 3	0.117 7	0.229 6	0.451 8	0.099 7	0.228 8
Wald 卡方值	196.89***	52.61***	189.40***	221.02***	50.84***	156.31***
样本量	238	113	257	238	113	257

注：*、**、***分别表示估计结果在10%、5%、1%水平上显著；括号内为稳健标准误。

5.4.4.3 数字赋能与农户绿色技术采纳：农户群体的异质性

考虑到农户样本群体差异明显，可能在数字赋能对农户绿色技术采纳的影响方面存在异质性，参照闫阿倩等（2021）、李后建和曹安迪（2021）的做法，本书从农户年龄和受教育程度两个方面展开异质性分析。具体而言，以总样本农户的平均年龄和平均受教育程度为参照，将低于或等于平均年龄的农户划入年轻组，高于平均年龄的农户划入老年组，并将低于或等于平均受教育程度的农户划入低学历组，高于平均受教育程度的农户划入高学历组，进行分组比较和分析。

数字赋能对不同农户绿色技术采纳的影响具有异质性，结果如表5-13所示。从整体模型估计效果来看，各模型的Wald卡方值均在1%水平高度显著，模型运行良好。从年龄分组来看，是否数字赋能对年轻组和老龄组农户绿色技术采纳的影响系数分别为0.940和0.742，均通过1%的显著水平检验，这表明是否存在数字赋能对不同年龄段农户的绿色技术采纳均有积极的促进作用，且对年轻组农户的促进作用更为明显，这与闫阿倩等（2021）的研究结论一致。此外，数字赋能程度对年轻组农户绿色技术采纳的影响系数为2.947，在1%水平上显著，而数字赋能程度对老龄组农户绿色技术采纳的影响系数仅为1.306，且仅在5%水平上显著，再次验证了数字赋能对年轻组农户绿色技术采纳的促进作用更为明显这一结论。可能的原因是，相对年轻的农户更可能将数字技术运用于农业生产，其绿色技术采纳行为更容易受到数字赋能的影响。从受教育程度分组来看，是否存在数字赋能对低学历组和高学历组农户绿色技术采纳的影响系数分别为1.061、0.850，均在1%水平上显著，表明是否存在数字赋能对低学历组和高学历组农户的绿色技术采纳均具有显著促进作用，但该作用在低学历组更大。可能的原因是，相比高学历组农户，低学历组农户对绿色技术的掌握和应用更为不足，若存在数字赋能，其能获取的绿色技术相关信息更多，因而对其绿色技术采纳的影响作用更明显。然而，从数字赋能程度视角来看，数字赋能程度对低学历组和高学历组的影响系数分别为2.484、2.756，均在1%水平上显著，但高学历组系数明显更大，这表明数字赋能程度对低学历组和高学历组农户的绿色技术采纳均具有显著促进作用，但该作用在高学历组更大。可能的原因是，相对于高学历组农户，低学历组农户的人力资本相对较低，其能运用的数字技术有限，因而其数字赋能程度普遍偏低，对绿色技术采纳的影响差异较小。反之，高学历组农户能运用的数字技术更广，但其将数字技术运用于农业生产的程度差异较大，故对其绿色技术采纳的影响差异较大。总的来看，农户群体存在明显的内部差异，导致数字赋能对农户绿色技术采纳的影响在不同农户群体中也存在明显的异质性。

表 5-13　数字赋能对不同农户群体绿色技术采纳的影响

变量名称	年龄				受教育程度			
	（1）年轻组	（2）老龄组	（3）年轻组	（4）老龄组	（5）低学历组	（6）高学历组	（7）低学历组	（8）高学历组
是否数字赋能	0.940 ***	0.742 ***			1.061 ***	0.850 ***		
	（0.189）	（0.150）			（0.179）	（0.160）		
数字赋能程度			2.947 ***	1.306 **			2.484 ***	2.756 ***
			（0.342）	（0.539）			（0.514）	（0.352）
性别	−0.209	−0.194	−0.154	−0.260	0.160	−0.275	0.060	−0.271
	（0.179）	（0.196）	（0.190）	（0.179）	（0.202）	（0.174）	（0.178）	（0.174）
年龄					−0.039 ***	−0.045 ***	−0.032 ***	−0.020 *
					（0.011）	（0.010）	（0.012）	（0.011）
受教育程度	0.167 ***	0.049	0.093 ***	0.051				
	（0.028）	（0.031）	（0.031）	（0.031）				
村干部	−0.735 ***	0.540 **	−0.260	0.537 **	0.990 **	0.077	0.957 **	0.401 *
	（0.266）	（0.265）	（0.270）	（0.259）	（0.441）	（0.206）	（0.427）	（0.206）
是否兼业	−0.110	−0.053	−0.175	0.017	−0.246	−0.040	−0.208	−0.015
	（0.142）	（0.166）	（0.145）	（0.163）	（0.203）	（0.129）	（0.198）	（0.131）

表5-13(续)

变量名称	年龄				受教育程度			
	(1)	(2)	(3)	(4)	(5)	(6)	(7)	(8)
	年轻组	老龄组	年轻组	老龄组	低学历组	高学历组	低学历组	高学历组
风险倾向	0.157	0.193 **	0.038	0.240 ***	0.049	0.282 ***	0.160	0.171
	(0.112)	(0.092)	(0.121)	(0.092)	(0.111)	(0.104)	(0.110)	(0.115)
总人数	0.094	0.100 ***	0.104 *	0.098 ***	0.132 ***	0.037	0.131 ***	0.041
	(0.059)	(0.037)	(0.058)	(0.038)	(0.042)	(0.044)	(0.044)	(0.044)
务工人数	−0.021	0.090	−0.061	0.073	0.065	0.111 *	0.057	0.057
	(0.075)	(0.061)	(0.077)	(0.061)	(0.077)	(0.065)	(0.077)	(0.068)
最高受教育程度	−0.015	0.025	0.003	0.032	0.057 **	−0.004	0.058 **	0.010
	(0.026)	(0.023)	(0.027)	(0.023)	(0.026)	(0.022)	(0.025)	(0.022)
干部人数	0.345	0.255	0.077	0.247	0.466 *	0.089	0.556 **	−0.165
	(0.243)	(0.212)	(0.241)	(0.220)	(0.253)	(0.189)	(0.274)	(0.192)
种植规模	0.117 *	0.254 ***	0.095	0.270 ***	0.237 ***	0.167 ***	0.276 ***	0.159 ***
	(0.065)	(0.056)	(0.065)	(0.056)	(0.080)	(0.048)	(0.082)	(0.046)
到县城的距离	−0.021 ***	0.004	−0.013 *	0.005	0.008	−0.009 *	0.010 *	−0.002
	(0.006)	(0.004)	(0.007)	(0.004)	(0.005)	(0.005)	(0.005)	(0.005)
地形	−0.373 *	0.193	−0.253	0.220	0.147	−0.194	0.218	−0.148
	(0.218)	(0.148)	(0.215)	(0.141)	(0.168)	(0.167)	(0.157)	(0.154)
地区虚拟变量	已控制	已控制	已控制	已控制	已控制	已控制	已控制	已控制
Pseudo R^2	0.184 3	0.144 7	0.250 4	0.130 2	0.176 8	0.198 3	0.162 7	0.246 3
Wald 卡方值	136.60 ***	153.83 ***	153.62 ***	125.96 ***	144.41 ***	175.51 ***	140.27 ***	175.94 ***
样本量	303	305	303	305	248	360	248	360

注:*、**、*** 分别表示估计结果在10%、5%、1%水平上显著;括号内为稳健标准误。

5.5 本章小结

在数字强国和农业高质量发展的战略背景下,能否充分利用数字技术赋能小农生产,促进农户绿色技术采纳,以农业绿色发展助推农业高质量发展,是本章研究的核心。为此,本章以"数字赋能—绿色技术采纳"为研究主线,基于2022年四川省608个微观农户样本,从是否存在数字赋能和数字赋能程度两个方面考察实证了数字赋能对农户绿色技术采纳的影响效应。通过样本描述性统计分析发现,数字赋能组和非数字赋能组农户的绿色技术采纳情况存在显著差异,但该结论未考虑其他复杂因素的影响,并不能作为判断数字赋能与农户绿色技术采纳因果关系的依据。因此,本章首先以 OLS 模型和 Ordered Probit 模型作为基础回归模型，尽可能地将影响农户绿色技术采纳的其他因素纳入考虑，初步辨析数字赋能与农户绿色技术采纳之间的相互关系。同时，为解决模型潜在的内生性问题，本章进一步采用控制方程法（CFM）和倾向得分匹配法（PSM）再次估计数字赋能对农户绿色技术采纳的影响。此外，考虑到绿色生产技术的多样性、样本分布的差异性以及农户群体内部特征的不均衡性，本章从绿色技术类别、经济区域和农户群体三个方面进行样本细分，进一步对比分析数字赋能对农户绿色技术采纳的异质性特征。主要研究结论如下：

（1）是否存在数字赋能与农户绿色技术采纳呈现显著的正相关关系。基于 Ordered Probit 模型的基准回归结果显示，相对于没有数字赋能的农户，数字赋能户的绿色技术采纳程度显著提升了 0.8，该结果与 OLS 模型的基准回归结果相近，且进一步考虑内生性问题后，该结论依然成立。

（2）数字赋能程度越高的农户，其绿色技术采纳程度也越高。将核心自变量替换为数字赋能程度后的回归结果显示，数字赋能程度对农户绿色技术采纳的影响均在 1% 的水平上显著为正，说明数字赋能程度与农户绿色技术采纳呈现高度的正相关关系，且采用服从逻辑分布的 Ordered Logit 模型的回归结果依然支持该结论。

（3）数字赋能对农户绿色技术采纳的影响在不同绿色技术类别、不同经济区域和不同农户群体间具有明显的异质性特征。从不同绿色技术类别来看，除绿色灌溉技术外，数字赋能对农户采纳绿色耕种技术、绿色病虫害防控技术、绿色施肥技术和绿色废弃物利用技术都具有显著的影响，但影响程度存在一定的差异。从不同经济区域来看，数字赋能对农户绿色技术采纳的促进作用在成都平原经济区最为明显，川南经济区次之，川东北经济区最低。从不同农户群体来看，相对于老龄组和低学历组，数字赋能对年轻组和高学历组农户绿色技术采纳的促进作用更为明显。

综上，本章的研究结论对于推进农业农村数字化和农业绿色发展具有重要的政策参考价值。首先，数字赋能对农户绿色技术采纳的促进作用说明应加快推进农村数字新基建，促进互联网等数字技术在农业农村中的推广运用，以先进的数字技术为农户采纳绿色生产技术赋能，助推农业绿色、高质量发展。其次，数字赋能对农户绿色技术采纳的促进作用存在异质性，说明应立足实际，针对不同地区、不同农户群体以及不同绿色技术采取恰当的政策措施，多措并举，全面推进农户绿色技术采纳。

6 数字赋能对农户绿色技术采纳的作用机制研究

本书在第 5 章中主要从是否存在数字赋能和数字赋能程度两个方面探讨了数字赋能对农户绿色技术采纳的影响，并基于绿色技术分类、样本区域分布和农户群体差异视角进一步展开了异质性分析，最终验证了数字赋能对农户绿色技术采纳具有显著的正向影响。然而，数字技术到底是怎么为农户绿色技术采纳赋能的呢？其中蕴含怎样的作用机理？这些问题仍待我们进一步深入探讨。基于农户行为理论和行为经济学理论，农户的绿色技术采纳行为主要受到内外两个方面因素的影响。一方面，在一个竞争的市场环境中，农户是理性的，农户会基于其对绿色技术采纳的认知，做出恰当的技术采纳行为以追求利润最大化（罗必良 等，2012）。另一方面，受制于所处环境的不确定性，农户的理性又是有限的，其绿色技术采纳行为决策是在认知局限、环境不确定和信息不完全条件下做出的（张童朝 等，2019）。同时，随着互联网、大数据等数字技术在我国农村地区的普及运用，农村信息传递方式得到根本性改变，不仅可以拓宽农户的信息获取渠道，提升其知识结构水平，进而重塑其绿色技术采纳认知，还能够为农户更加系统地展示绿色技术采纳面临的社会、政策与市场环境，帮助农户更好地做出绿色技术采纳的行为决策。因此，本章基于四川省微观农户数据，构建中介效应检验模型，从绿色技术采纳认知和区域软环境视角进一步剖析数字赋能对农户绿色技术采纳的影响机制。

6.1 研究假设的提出

6.1.1 农户绿色技术采纳认知的中介作用

农户绿色技术采纳内生动力产生的关键在于其对某绿色技术的内在认知（苑甜甜 等，2021），主要包含效益认知、风险认知和易用认知三个方面（杜三峡 等，2021；彭欣欣 等，2021）。效益最大化和风险最小化是农户进行生产决策的基本逻辑，效益最大化是农户采纳绿色技术的根本动机，而风险会使技术采纳收益面临不确定性，风险最小化因而成为农户绿色技术采纳的重要前提（谭永风 等，2021；姜维军 等，2021）。同时，农户绿色技术采纳还受到其对绿色技术的易用感知的影响，绿色农业技术的学习与使用需要付出一定的时间、金钱和精力，如果农户认为采纳绿色农业技术比较困难，他们一般都不愿意尝试（Davis et al.，1989）。农户根据其掌握的某绿色技术相关信息，会对该绿色技术采纳的效益、风险以及难易程度进行综合考量，最终形成自己对该绿色技术的内在认知，进而决定其是否采纳该项绿色技术。数字赋能可以提升农户对绿色技术的内在认知。一方面，数字赋能强化了农户的信息获取能力，农户可以更加全面系统地掌握绿色技术相关信息（张国胜 等，2021），加深了农户对绿色技术采纳的效益、风险和易用认知，有助于农户形成合理的绿色技术采纳策略；另一方面，数字赋能通过打破信息壁垒、提高信息的传播效率、降低信息获取成本，不仅可以有效降低农户与市场的信息不对称，还能使农户便捷、低成本地获取农业绿色知识技术，有利于农户降低对绿色技术采纳的风险预期，提升其对绿色技术采纳的收益预期和易用预期，从而促进其主动采纳绿色农业技术。据此，提出以下假设：

假设6-1：农户绿色技术采纳的整体认知在数字赋能对农户绿色技术采纳的影响中具有中介作用。

假设6-1a：效益认知在数字赋能对农户绿色技术采纳的影响中具有中介作用。

假设6-1b：风险认知在数字赋能对农户绿色技术采纳的影响中具有中介作用。

假设6-1c：易用认知在数字赋能对农户绿色技术采纳的影响中具有中介作用。

6.1.2 区域软环境的中介作用

行为经济学认为，人的理性是有限的，是内部特质和外部环境共同作用的结果，人们的行为决策是在其有限理性下选择的相对满意的策略（Allais，1953；Simon，1956；Ellsberg，1961；Tversky et al.，1981）。换言之，农户绿色技术采纳不仅受到农户内在认知、个人能力等内在特征因素影响（孔祥智 等，2004；苑甜甜 等，2021），同时也受到地理、气候、基础设施等区域硬环境和政策、市场、社会环境等区域软环境的影响（舒尔茨，1987；陈强强 等，2020）。其中，区域硬环境是农业发展的基础，在一定时期内具有稳定性，通常难以改变，而区域软环境则更具灵活性和多样性，会影响农户的农业生产方式，对农户技术采纳行为具有较强的引导作用（胡志丹，2011）。因此，区域内的绿色发展政策、绿色技术推广、绿色理念宣传等构成的软环境会对农户绿色技术采纳行为产生一定的影响。我国农村是一个以血缘、地缘为纽带的社会关系网络，农户间的信息传递呈现明显的差序格局（何欣和朱可涵，2019）。绿色农业技术的推广政策措施、绿色发展理念宣传等信息一般先由农村少部分精英阶层掌握，再逐渐扩散到普通农户中，远离信息中心的普通农户信息获取渠道少、信息水平低，难以全面详细地了解区域内相关农业绿色发展信息，因而区域绿色软环境对其绿色技术采纳的影响有限。现代数字技术的出现为农村信息传递方式带来了根本性变革，农村各类信息传递得以"去中心化"，打破了传统农村信息传递的时空阻隔，有效拓宽了信息的传递渠道，提高了信息传递效率，从而有助于农户多渠道、及时、全面地获取了解关于农业绿色发展的社会、政策、市场等软环境信息，增加农户采纳绿色生产技术的可能性。基于此，提出以下假设：

假设6-2：区域软环境在数字赋能对农户绿色技术采纳的影响中具有中介作用。

假设6-2a：社会环境在数字赋能对农户绿色技术采纳的影响中具有中介作用。

假设6-2b：政策环境在数字赋能对农户绿色技术采纳的影响中具有中介作用。

假设6-2c：市场环境在数字赋能对农户绿色技术采纳的影响中具有中介作用。

6.2　变量选取与描述性统计

6.2.1　变量选取

6.2.1.1　被解释变量

绿色技术采纳程度。在借鉴 Willy et al.（2013）、杨志海（2018）、张丰翼（2022）、刘杰（2022）等相关研究的基础上，结合水稻生产技术需求，参照农业农村部"一控两减三基本"的农业污染防治目标，本书选取了耕种、病虫害防控、施肥、灌溉和废弃物处理五大类绿色农业技术来综合反映农户绿色技术采纳情况，并以这五大类绿色农业技术采纳的综合值来表征农户的绿色技术采纳程度。关于农户绿色农业技术采纳变量的详细描述，参见 5.2.1 节。

6.2.1.2　核心解释变量

数字赋能。借鉴相关研究对数字赋能的测度思路，本书将从是否存在数字赋能和数字赋能程度两个方面测度农户的数字赋能情况。是否存在数字赋能方面，以农户是否通过互联网查询农业信息衡量。数字赋能程度方面，从数字技术在农资购买、农产品出售、技术学习、信息了解、社会交往等方面的应用程度来测度，并采用熵值法加权平均合成数字赋能程度的综合指标。关于数字赋能变量的详细描述，参见 5.2.1 节。

6.2.1.3　中介变量

绿色技术采纳认知。参考相关研究，农户对绿色技术采纳的内在认知主要体现在效益认知、风险认知和易用认知三个方面（杜三峡 等，2021；彭欣欣 等，2021）。其中，效益认知包含经济、社会和生态三个方面的效益认知。参考张童朝等（2019）、王晓焕等（2021）、杨彩艳等（2021）的测量方法，本书在经济效益认知方面通过设置"您认为绿色生产技术的增收效果如何""您认为绿色生产技术的增产效果如何""您认为绿色生产技术降低物质投入成本的效果如何""您认为绿色生产技术节约劳动的效果如何"等问题来测量。在社会效益认知方面通过设置"您认为采纳绿色生产技术有助于提升农产品质量安全""您认为采纳绿色生产技术对社会其他人有好处""您认为采纳绿色生产技术对社会发展有好处"等问题来测度。在生态效益方面通过"您认为绿色生产技术的环境保护效果如何"

"您认为绿色生产技术的资源节约效果如何""您认为绿色生产技术减少环境污染的效果如何"等问题来测量。风险认知包含技术和市场风险认知两个方面。本书参考杜三峡等（2021）的做法，通过询问"您认为采纳绿色生产技术带来减产的风险程度"和"您认为采纳绿色生产技术无法实现优质优价的风险程度"来分别反映技术风险和市场风险。此外，参考刘洋等（2015）、童锐等（2020）的做法，通过询问"您认为采纳绿色生产技术的困难程度"来测量易用认知。所有问题选项均设置为李克特五级量表，并利用熵值法分别测算得出效益认知、风险认知以及农户整体绿色技术采纳认知的综合值，具体变量设置及赋值情况详见表6-1。

表6-1 变量选取与赋值说明

变量名称	变量定义与赋值
被解释变量	
绿色技术采纳程度	绿色生产行为的综合值，取值为0，1，2，3，4，5
核心解释变量	
是否数字赋能	是否使用手机或电脑查询农业信息，1＝是，0＝否
数字赋能程度	利用熵值法测算得出的数字赋能综合值
中介变量	
绿色技术采纳认知	利用熵值法测算得出的农户绿色认知综合值（包含效益、风险和易用认知）
效益认知	利用熵值法测算得出的农户绿色技术采纳效益认知综合值
风险认知	利用熵值法测算得出的农户绿色技术采纳风险认知综合值
易用认知	采纳绿色生产技术的困难程度？1＝非常小，2＝比较小，3＝一般，4＝比较大，5＝非常大
区域软环境	利用熵值法测算得出的绿色技术采纳区域软环境综合值（包含社会、政策和市场环境）
社会环境	利用熵值法测算得出的农户绿色技术采纳社会环境综合值
政策环境	利用熵值法测算得出的农户绿色技术采纳政策环境综合值
市场环境	利用熵值法测算得出的农户绿色技术采纳市场环境综合值
控制变量	与第5章一致

区域软环境。参考胡志丹（2011）和曾晗等（2021）的相关研究，本书的区域软环境主要包含社会环境、政策环境和市场环境三个方面。其中，社会环境通过设置"您与村里的其他水稻种植户交流频繁""您周围有较多水稻种植户使用了绿色农业技术""您所在村或社区身份认同感或归属感强烈"三个问题来测量。政策环境主要从政府宣传、激励和约束三个维度衡量，参照曾晗等（2021）的做法，通过设置"政府对生态、绿色农业技术宣传范围广、频次高""政府对生态、绿色农业技术补贴力度很大""政府对不合格农业生产或农业污染问题进行了有效惩罚"三个问题来测度。参照黄炎忠等（2020）的研究，市场环境包含市场认同和市场预期两个方面。市场认同通过询问"您认为农产品质量安全重要吗""您认为市场上出售的农产品质量安全吗""您认为周边村民对市场上的农产品信任吗"来测度。市场预期通过设置"您认为绿色农产品的销售难易程度""假如种植绿色农产品，能卖出高价的可能性"两个问题来测度。所有问题选项均设置为李克特五级量表，并利用熵值法分别测算得出社会环境、政策环境、市场环境和整体区域软环境的综合值，详见表6-1。

6.2.1.4 控制变量

为保证模型的科学合理性，参考相关研究（杨志海，2018；张童朝等，2020；杨彩艳 等，2021），本书将农户个人特征、家庭特征和环境特征引入控制变量。其中，农户个人特征包括受访者性别、年龄、受教育程度、政治身份、兼业情况、风险偏好等；家庭特征包括家庭总人数、外出务工人数、家庭成员最高受教育程度、主要亲属政治身份、种植规模等；环境特征包括到县城距离、地形地貌特征和地区虚拟变量。

6.2.2 样本描述性统计

各变量的描述性统计及均值差异分析结果如表6-2所示。需要说明的是，本章在第5章的基础上重点分析数字赋能对农户绿色技术采纳的影响机制，被解释变量、核心解释变量和控制变量均与第5章保持一致，故这里不再赘述其描述性统计结果，相关变量描述性统计分析情况详见5.2.2。

表6-2 变量描述性统计及均值差异分析

变量名称	总样本 ($N=608$)		数字赋能组 ($N=318$)		非数字赋能组 ($N=290$)		差值
	均值	标准差	均值	标准差	均值	标准差	
被解释变量							
绿色技术采纳程度	2.485	1.413	3.242	0.950	1.655	1.371	1.587***
核心解释变量							
是否数字赋能	0.523	0.500	—	—	—	—	
数字赋能程度	0.285	0.300	—	—	—	—	
中介变量							
绿色技术采纳认知	0.455	0.218	0.574	0.158	0.325	0.199	0.249***
效益认知	0.516	0.227	0.639	0.155	0.382	0.218	0.257***
风险认知	0.356	0.233	0.454	0.201	0.248	0.219	0.206***
易用认知	3.498	1.092	2.931	0.944	4.121	0.886	−1.190***
区域软环境	0.453	0.205	0.558	0.146	0.338	0.200	0.219***
社会环境	0.528	0.260	0.659	0.175	0.384	0.262	0.275***
政策环境	0.421	0.236	0.537	0.190	0.294	0.215	0.243***
市场环境	0.438	0.210	0.514	0.172	0.356	0.217	0.158***
控制变量	与第5章一致						

注：*** 表示均值差异在1%的水平上显著。

本节重点对农户绿色技术采纳认知和区域软环境情况展开描述性统计分析。从总体样本来看，绿色技术采纳认知的均值为0.455，其中效益认知、风险认知和易用认知的均值分别为0.516、0.356、3.498。区域软环境的均值为0.453，其中社会环境、政策环境和市场环境的均值分别为0.528、0.421、0.438。从均值差异的t检验来看，绿色技术采纳认知和区域软环境及其各项二级指标的均值差异均在1%水平上高度显著，这表明数字赋能组和非数字赋能组农户的绿色技术采纳认知及其所处的区域软环境存在显著的差异。

6.3 模型构建

基于前文分析，在数字赋能对农户绿色技术采纳的影响路径中，数字赋能可能对农户绿色技术采纳具有直接影响，也可能通过绿色技术采纳认知和区域软环境对农户绿色技术采纳产生间接影响。因此，为进一步深入剖析数字赋能对农户绿色技术采纳的影响机制，本章借鉴 Baron 和 Kenny（1986）、温忠麟和叶宝娟（2014）提出的中介效应逐步检验程序，构建中介效应模型如下：

$$Y_i = \partial_0 + \partial_1 X_i + \partial_2 Z_i + \vartheta_i \tag{6-1}$$

$$M_i = \varphi_0 + \varphi_1 X_i + \varphi_2 Z_i + \pi_i \tag{6-2}$$

$$Y_i = \gamma_0 + \gamma_1 X_i + \gamma_2 M_i + \gamma_3 Z_i + \varepsilon_i \tag{6-3}$$

其中，Y_i 为被解释变量，表示农户绿色技术采纳情况；X_i 为核心解释变量，表示数字赋能情况；M_i 为中介变量，表示农户对绿色技术采纳的认知或区域软环境情况；∂_0、φ_0、γ_0 表示常数项；∂_1、∂_2、φ_1、φ_2、γ_1、γ_2、γ_3 表示待估计参数；ϑ_i、π_i、ε_i 表示随机扰动项。

需要说明的是，中介效应的逐步检验步骤主要分三步进行，如式（6-1）～ 式（6-3）。其中，式（6-1）用于估计数字赋能对农户绿色技术采纳的总影响；式（6-2）用于估计数字赋能对中介变量（农户绿色技术采纳认知和区域软环境）的影响；式（6-3）用于估计数字赋能对农户绿色技术采纳的直接影响以及通过农户绿色技术采纳认知和区域软环境的间接影响。此外，虽然中介效应的逐步检验法已被学者们广泛使用，但仍不少学者对逐步回归法的检验效力提出了质疑（Zhao et al., 2010）。对此，本章结合 Bootstrap 法和 Sobel 法进一步展开中介效应检验，以保证估计结果的稳健性。

6.4 实证结果分析

6.4.1 农户绿色技术采纳认知的中介作用检验

为探究数字赋能影响农户绿色技术采纳的内在机理，分别从是否数字赋能和数字赋能程度两个方面构造中介效应逐步检验程序，检验在数字赋能对农户绿色技术采纳行为的影响过程中，农户绿色技术采纳认知是否具有中介效应。由前文可知，农户的绿色技术采纳认知涵盖效益认知、风险认知和易用认知三个方面。因此，为深入分析农户绿色技术采纳认知的中介作用，本书首先从农户绿色技术采纳整体认知视角分析数字赋能对农户绿色技术采纳行为的作用机理，然后分别从效益认知、风险认知和易用认知三个层面进一步探讨不同绿色技术采纳认知的中介作用。

6.4.1.1 整体绿色技术采纳认知的中介作用检验

绿色技术采纳认知在数字赋能影响农户绿色技术采纳中的中介效应检验结果如表6-3所示。其中，模型（1）到（3）为绿色技术采纳认知在是否数字赋能影响农户绿色技术采纳中的中介效应检验程序，模型（4）到（6）为绿色技术采纳认知在数字赋能程度影响农户绿色技术采纳中的中介效应检验程序。各模型的 F 值或 Wald 卡方值均在1%的显著水平上通过检验，表明各模型运行良好。

在数字赋能影响农户绿色技术采纳的过程中，农户绿色技术采纳认知具有重要的中介作用。从是否数字赋能对农户绿色技术采纳的影响过程来看。第一阶段，是否数字赋能对农户绿色技术采纳的影响系数为0.800，在1%水平上显著，这表明是否数字赋能对农户绿色技术采纳的影响总效应为0.800，与前文研究结果一致；第二阶段，是否数字赋能对绿色技术采纳认知的影响系数为0.116，在1%水平上显著，这表明是否数字赋能对农户绿色技术采纳认知具有显著的提升作用；第三阶段，绿色技术采纳认知和是否数字赋能对农户绿色技术采纳的影响均在1%水平上显著，并且是否数字赋能的系数明显变小，这表明绿色技术采纳认知在是否数字赋能与农户绿色技术采纳间的中介效应显著，假设6-1得到验证。此外，从数字赋能程度对农户绿色技术采纳的影响过程来看，数字赋能程度对农户绿色技术采纳程度和绿色技术采纳认知的影响均在1%水平上显著，这表明数字赋能程度对农户绿色技术采纳程度和绿色技术采纳认知均有显著的促进作用。将数字赋能程度、绿色技术采纳认知和农户绿色技术采纳程度纳入同一模型时，数字赋能程度和绿色技术采纳认知的系数仍在1%水平上显著，并且数字赋能程度的系数明显变小，表明绿色技术采纳认知在数字赋能程度与农户绿色技术采纳间的中介效应依然显著，假设6-1再次得到证实。

总的来看，不管是从是否数字赋能对农户绿色技术采纳的影响来看，还是从数字赋能程度对农户绿色技术采纳的影响来看，农户的绿色技术采纳认知均具有显著的中介作用，这表明估计结果较为稳健可靠，绿色技术采纳认知是数字赋能影响农户绿色技术采纳的重要作用机制之一。因此，在推进农户绿色技术采纳过程中，应重视数字赋能对农户绿色技术采纳认知的影响，通过数字技术提升农户对绿色技术采纳的认知水平，帮助农户更好地做出恰当的绿色技术采纳行为。

表6-3　绿色技术采纳认知在数字赋能影响农户绿色技术采纳中的中介效应检验

变量名称	(1) 绿色技术采纳程度	(2) 绿色技术采纳认知	(3) 绿色技术采纳程度	(4) 绿色技术采纳程度	(5) 绿色技术采纳认知	(6) 绿色技术采纳程度
是否数字赋能	0.800***	0.116***	0.462***			
	(0.112)	(0.015)	(0.122)			
数字赋能程度				2.223***	0.303***	1.245***
				(0.287)	(0.030)	(0.317)
绿色技术采纳认知			4.130***			3.959***
			(0.382)			(0.394)
个人特征	已控制	已控制	已控制	已控制	已控制	已控制
家庭特征	已控制	已控制	已控制	已控制	已控制	已控制
环境特征	已控制	已控制	已控制	已控制	已控制	已控制
地区虚拟变量	已控制	已控制	已控制	已控制	已控制	已控制
常数项		0.466***			0.297***	
		(0.088)			(0.088)	
R^2		0.526 1			0.554 0	
Pseudo R^2	0.205 5		0.292 8	0.219 6		0.295 5
F值		44.60***			60.40***	
Wald 卡方值	359.56***		378.97***	336.02***		353.97***
样本量	608	608	608	608	608	608

注：*** 表示估计结果在1%水平上显著；括号内为稳健标准误。

6.4.1.2　不同类别绿色技术采纳认知的中介效应检验

效益认知在数字赋能影响农户绿色技术采纳的过程中具有显著的中介效应。效益认知的中介效应检验结果显示（表6-4），各模型的F值或Wald卡方值均在1%的显著水平上通过检验，表明各模型运行良好。模型（1）和模型（2）的回归结果显示，是否数字赋能对绿色技术采纳程度和效益认知的回归系数分别为0.800、0.133，且均在1%水平上显著，这表明是否数字赋能对农户的绿色技术采纳程度和效益认知均具有显著的正向作用。模型（3）回归结果显示，将是否数字赋能、效益认知和绿色技术采纳程度同时纳入回归方程，是否数字赋能和效益认知的回归系数依然在1%水平上显著，并且是否数字赋能的系数明显变小，说明效益认知在是否数字赋能对农户绿色技术采纳的影响过程中具有显著的中介作用。同理，从数字赋能程度对农户绿色技术采纳的影响过程来看，数字赋能程度、效益认知和绿色技术采纳程度之间的关系系数的方向特征和显著性特征与模型（1）到模型（3）的结果一致，表明效益认知在数字赋能程度对绿色技术采纳程度的影响中也具有显著的中介作用，假设6-1a得到验证。

表6-4　效益认知的中介效应检验

变量名称	(1) 绿色技术采纳程度	(2) 效益认知	(3) 绿色技术采纳程度	(4) 绿色技术采纳程度	(5) 效益认知	(6) 绿色技术采纳程度
是否数字赋能	0.800***	0.133***	0.434***			
	(0.112)	(0.016)	(0.123)			
数字赋能程度				2.223***	0.277***	1.425***
				(0.287)	(0.033)	(0.306)
效益认知			3.748***			3.619***
			(0.343)			(0.341)
个人特征	已控制	已控制	已控制	已控制	已控制	已控制
家庭特征	已控制	已控制	已控制	已控制	已控制	已控制
环境特征	已控制	已控制	已控制	已控制	已控制	已控制
地区虚拟变量	已控制	已控制	已控制	已控制	已控制	已控制
常数项		0.445***			0.312***	
		(0.095)			(0.097)	
R^2		0.493 9			0.497 4	
Pseudo R^2	0.205 5		0.289 1	0.219 6		0.296 4
F 值		38.10***			47.99***	
Wald 卡方值	359.56***		396.16***	336.02***		368.88***
样本量	608	608	608	608	608	608

注：*** 表示估计结果在1%水平上显著；括号内为稳健标准误。

　　风险认知在数字赋能影响农户绿色技术采纳的过程中具有显著的中介效应。从风险认知的中介效应检验结果来看（表6-5），各模型的 F 值或 Wald 卡方值均在1%的显著水平上通过检验，表明各模型运行良好。模型

（1）到模型（3）的回归结果显示，是否数字赋能对农户绿色技术采纳和风险认知的影响均在1%水平上显著，将三者同时纳入回归后，是否数字赋能和风险认知的系数均在1%水平上通过检验，并且是否数字赋能的回归系数变小，表明风险认知在是否数字赋能对农户绿色技术采纳程度的影响过程中具有显著的中介作用。同时，模型（4）到模型（6）的回归系数与模型（1）到模型（3）的回归系数在作用方向和显著性上具有相似的结果，表明风险认知在数字赋能程度影响农户绿色技术采纳程度过程中的中介作用仍然存在，假设6-1b得到证实。

表6-5　风险认知的中介效应检验

变量名称	（1） 绿色技术 采纳程度	（2） 风险认知	（3） 绿色技术 采纳程度	（4） 绿色技术 采纳程度	（5） 风险认知	（6） 绿色技术 采纳程度
是否数字赋能	0.800***	0.069***	0.706***			
	(0.112)	(0.020)	(0.119)			
数字赋能程度				2.223***	0.336***	1.679***
				(0.287)	(0.036)	(0.320)
风险认知			2.240***			1.940***
			(0.290)			(0.305)
个人特征	已控制	已控制	已控制	已控制	已控制	已控制
家庭特征	已控制	已控制	已控制	已控制	已控制	已控制
环境特征	已控制	已控制	已控制	已控制	已控制	已控制
地区虚拟变量	已控制	已控制	已控制	已控制	已控制	已控制
常数项		0.550***			0.314***	
		(0.103)			(0.104)	
R^2		0.3858			0.4467	
Pseudo R^2	0.2055		0.2479	0.2196		0.2488
F值		29.92***			43.56***	
Wald卡方值	359.56***		373.17***	336.02***		349.56***
样本量	608	608	608	608	608	608

注：***表示估计结果在1%水平上显著；括号内为稳健标准误。

易用认知在数字赋能影响农户绿色技术采纳的过程中具有显著的中介效应。从易用认知的中介效应检验结果来看（表6-6），各模型的F值或Wald卡方值均在1%的显著水平上通过检验，表明各模型运行良好。模型（1）到模型（3）的回归结果显示，是否数字赋能对农户绿色技术采纳程度和易用认知的影响均在 1% 水平上显著，将是否数字赋能、易用认知和绿色技术采纳程度同时纳入回归方程后，是否数字赋能和易用认知的系数均在 1% 水平上显著，并且是否数字赋能的回归系数明显减小，这表明易用认知在是否数字赋能与农户绿色技术采纳程度间的中介效应显著。模型（4）到模型（6）的回归结果显示，将是否数字赋能替换成数字赋能程度后，回归结果具有相似的系数特征，这表明在数字赋能程度影响农户绿色技术采纳程度的过程中，易用认知的中介作用仍然存在，假设 6-1c 得到证实。

表 6-6　易用认知的中介效应检验

变量名称	(1) 绿色技术采纳程度	(2) 易用认知	(3) 绿色技术采纳程度	(4) 绿色技术采纳程度	(5) 易用认知	(6) 绿色技术采纳程度
是否数字赋能	0.800*** (0.112)	-0.518*** (0.090)	0.597*** (0.118)			
数字赋能程度				2.223*** (0.287)	-1.415*** (0.185)	1.628*** (0.301)
易用认知			-0.539*** (0.068)			-0.499*** (0.069)
个人特征	已控制	已控制	已控制	已控制	已控制	已控制
家庭特征	已控制	已控制	已控制	已控制	已控制	已控制
环境特征	已控制	已控制	已控制	已控制	已控制	已控制
地区虚拟变量	已控制	已控制	已控制	已控制	已控制	已控制
常数项		3.415*** (0.497)			4.222*** (0.527)	
R^2		0.468 8			0.495 7	
Pseudo R^2	0.205 5		0.251 1	0.219 6		0.256 7
F 值		46.45***			53.95***	
Wald 卡方值	359.56***		389.98***	336.02***		363.01***
样本量	608	608	608	608	608	608

注：*** 表示估计结果在 1% 水平上显著；括号内为稳健标准误。

综合上述分析，在"数字赋能—绿色技术采纳认知—绿色技术采纳程度"的影响路径中，数字赋能对农户绿色技术采纳程度的正向影响已被证实，而分别将绿色技术采纳整体认知、效益认知、风险认知和易用认知纳入考虑后，数字赋能的相关变量系数仍保持在 1% 水平上显著。由此可知，不管从是否数字赋能视角,还是从数字赋能程度视角分析,绿色技术采纳整体认知、效益认知、风险认知和易用认知在数字赋能对绿色技术采纳程度的影响路径中的中介效应均显著。由此,绿色技术采纳认知在数字赋能影响绿色技术采纳过程中的中介作用得以验证。

6.4.2 区域软环境的中介作用检验

由前文理论分析可知,区域软环境也可能在数字赋能对农户绿色技术采纳的影响过程中具有中介效应。为检验区域软环境的中介效应,本书主要通过逐步回归法,分别从是否数字赋能和数字赋能程度视角,实证检验整体区域软环境和社会环境、政策环境、市场环境等不同类别区域软环境的中介作用。

6.4.2.1 整体区域软环境的中介作用检验

整体区域软环境在数字赋能影响农户绿色技术采纳中的中介效应检验结果如表6-7所示。其中,模型(1)到模型(3)为区域软环境在是否数字赋能对农户绿色技术采纳影响过程中的中介效应检验程序,模型(4)到模型(6)为区域软环境在数字赋能程度对农户绿色技术采纳影响过程中的中介效应检验程序。各模型的 F 值或 Wald 卡方值均在1%的水平上高度显著,表明各模型运行良好。

在数字赋能影响农户绿色技术采纳的过程中,区域软环境具有重要的中介作用。由模型(1)和模型(2)可知,是否数字赋能对绿色技术采纳程度和区域软环境的影响均在1%水平上显著,表明是否数字赋能对农户绿色技术采纳和区域软环境均有明显的正向促进作用。由模型(3)可知,将是否数字赋能、区域软环境和绿色技术采纳程度纳入同一回归模型后,区域软环境和是否数字赋能的系数均在1%水平上显著,并且是否数字赋能的系数值明显降低,表明区域软环境在是否数字赋能影响绿色技术采纳的过程中具有显著的中介效应。同理,由模型(4)、(5)、(6)可知,在数字赋能程度对农户绿色技术采纳程度的影响过程中,区域软环境的中介作用依然存在,假设6-2得到验证。

表 6-7　区域软环境在数字赋能影响农户绿色技术采纳中的中介效应检验

变量名称	（1）绿色技术采纳程度	（2）区域软环境	（3）绿色技术采纳程度	（4）绿色技术采纳程度	（5）区域软环境	（6）绿色技术采纳程度
是否数字赋能	0.800***	0.099***	0.509***			
	(0.112)	(0.015)	(0.125)			
数字赋能程度				2.223***	0.263***	1.409***
				(0.287)	(0.031)	(0.309)
区域软环境			4.182***			4.014***
			(0.380)			(0.388)
个人特征	已控制	已控制	已控制	已控制	已控制	已控制
家庭特征	已控制	已控制	已控制	已控制	已控制	已控制
环境特征	已控制	已控制	已控制	已控制	已控制	已控制
地区虚拟变量	已控制	已控制	已控制	已控制	已控制	已控制
常数项		0.425***			0.277***	
		(0.089)			(0.090)	
R^2		0.496 9			0.521 7	
Pseudo R^2	0.205 5		0.290 0	0.219 6		0.294 2
F 值		41.16***			52.88***	
Wald 卡方值	359.56***		407.42***	336.02***		396.30***
样本量	608	608	608	608	608	608

注：*** 表示估计结果在 1% 水平上显著；括号内为稳健标准误。

　　总的来说，从是否数字赋能和数字赋能程度两个方面的估计结果来看，整体区域软环境的中介作用均得到证实，这表明估计结果较为稳健可靠，整体区域软环境是数字赋能影响农户绿色技术采纳的重要作用机制之一。因此，在推进农户绿色技术采纳的实践中，我们不仅要考虑数字技术对农户绿色技术采纳的直接赋能作用，还应充分考虑数字技术通过区域软环境对农户绿色技术采纳的间接影响。

6.4.2.2　不同类别区域软环境的中介作用检验

　　社会环境在数字赋能影响农户绿色技术采纳的过程中具有显著的中介效应。从社会环境的中介效应检验结果来看（见表 6-8），各模型的 F 值或 Wald 卡方值均在 1% 的显著水平上通过检验，表明各模型运行良好。模型（1）到模型（3）的回归结果显示，是否数字赋能与社会环境的回归结果在 1% 水平上显著为正，说明是否数字赋能对社会环境具有明显的正向作用。将是否数字赋能、社会环境和绿色技术采纳程度纳入同一回归模型后，是否数字赋能和社会环境的回归系数均在1%水平上显著，并且是否数字赋能的系数明显下降，这表明社会环境在是否数字赋能影响农户绿色技术采纳程度中具有中介作用。模型（4）到模型（6）的回归结果与模型（1）到模型（3）的回归结果相似，这表明社会环境在数字赋能程度对绿色技术采纳程度影响中的中介作用依然成立。综上所述，社会环境在数字赋能影响绿色技术采纳的过程中具有重要的中介作用，假设6-2a得到验证。

表6-8　社会环境的中介效应检验

变量名称	（1）绿色技术采纳程度	（2）社会环境	（3）绿色技术采纳程度	（4）绿色技术采纳程度	（5）社会环境	（6）绿色技术采纳程度
是否数字赋能	0.800*** (0.112)	0.121*** (0.021)	0.544*** (0.123)			
数字赋能程度				2.223*** (0.287)	0.260*** (0.042)	1.622*** (0.277)
社会环境			3.212*** (0.293)			3.106*** (0.295)
个人特征	已控制	已控制	已控制	已控制	已控制	已控制
家庭特征	已控制	已控制	已控制	已控制	已控制	已控制
环境特征	已控制	已控制	已控制	已控制	已控制	已控制
地区虚拟变量	已控制	已控制	已控制	已控制	已控制	已控制
常数项		0.405*** (0.105)			0.279** (0.111)	
R^2		0.484 0			0.487 9	
Pseudo R^2	0.205 5		0.289 1	0.219 6		0.297 1
F值		42.90***			47.68***	
Wald卡方值	359.56***		393.75***	336.02***		403.51***
样本量	608	608	608	608	608	608

注：**、***分别表示估计结果在5%、1%水平上显著；括号内为稳健标准误。

政策环境在数字赋能影响农户绿色技术采纳的过程中具有显著的中介效应。从政策环境的中介效应检验结果来看（见表6-9），各模型的F值或Wald卡方值均在1%的显著水平上通过检验，这表明各模型运行良好。模型（1）到模型（3）的回归结果显示，是否数字赋能对政策环境的影响在1%水平上显著，将政策环境纳入是否数字赋能与绿色技术采纳程度的回归方程后，政策环境与是否数字赋能的系数在1%水平上显著，并且是否数字赋能的系数明显变小，这表明政策环境在是否数字赋能对绿色技术采纳程度的影响中具有显著的中介作用。同理，从模型（4）到模型（6）的回归结果可以发现，在数字赋能程度对绿色技术采纳程度的影响过程中，政策环境的中介作用依然存在。基于上述分析，政策环境在数字赋能对绿色技术采纳的影响中具有显著的中介作用，假设6-2b得到验证。

表6-9　政策环境的中介效应检验

变量名称	（1）绿色技术采纳程度	（2）政策环境	（3）绿色技术采纳程度	（4）绿色技术采纳程度	（5）政策环境	（6）绿色技术采纳程度
是否数字赋能	0.800*** (0.112)	0.106*** (0.019)	0.587*** (0.121)			
数字赋能程度				2.223*** (0.287)	0.246*** (0.040)	1.785*** (0.304)
政策环境			2.749*** (0.315)			2.674*** (0.309)
个人特征	已控制	已控制	已控制	已控制	已控制	已控制
家庭特征	已控制	已控制	已控制	已控制	已控制	已控制
环境特征	已控制	已控制	已控制	已控制	已控制	已控制
地区虚拟变量	已控制	已控制	已控制	已控制	已控制	已控制
常数项		0.440*** (0.109)			0.313*** (0.112)	
R^2		0.4588			0.4685	
Pseudo R^2	0.2055		0.2613	0.2196		0.2715
F值		40.98***			51.63***	
Wald卡方值	359.56***		398.21***	336.02***		366.03***
样本量	608	608	608	608	608	608

注：*** 表示估计结果在1%水平上显著；括号内为稳健标准误。

　　市场环境在数字赋能影响农户绿色技术采纳的过程中具有显著的中介效应。从市场环境的中介效应检验结果来看（表6-10），各模型的F值或Wald卡方值均在1%的显著水平上通过检验，这表明各模型运行良好。模型（1）到模型（3）的回归结果显示，是否数字赋能对市场环境具有显著的正向影响，将市场环境纳入是否数字赋能与绿色技术采纳程度的回归模型后，是否数字赋能与市场环境的回归系数均在1%水平上显著，并且是否数字赋能的回归系数明显减小，这表明在是否数字赋能对绿色技术采纳程度的影响过程中，市场环境具有显著的中介作用。同理，由模型（4）到模型（6）的回归结果可知，市场环境在数字赋能程度影响绿色技术采纳程度的过程中也具有显著的中介作用。由此可知，在数字赋能对农户绿色技术采纳的影响过程中，市场环境具有重要的中介作用，假设6-2c得到验证。

表6-10　市场环境的中介效应检验

变量名称	（1）绿色技术采纳程度	（2）市场环境	（3）绿色技术采纳程度	（4）绿色技术采纳程度	（5）市场环境	（6）绿色技术采纳程度
是否数字赋能	0.800 ***	0.077 ***	0.681 ***			
	(0.112)	(0.020)	(0.120)			
数字赋能程度				2.223 ***	0.283 ***	1.745 ***
				(0.287)	(0.036)	(0.305)
市场环境			2.128 ***			1.873 ***
			(0.266)			(0.280)
个人特征	已控制	已控制	已控制	已控制	已控制	已控制
家庭特征	已控制	已控制	已控制	已控制	已控制	已控制
环境特征	已控制	已控制	已控制	已控制	已控制	已控制
地区虚拟变量	已控制	已控制	已控制	已控制	已控制	已控制
常数项		0.422 ***			0.239 **	
		(0.106)			(0.108)	
R^2		0.294 9			0.339 9	
Pseudo R^2	0.205 5		0.241 4	0.219 6		0.245 7
F 值		21.62 ***			29.36 ***	
Wald 卡方值	359.56 ***		362.87 ***	336.02 ***		341.91 ***
样本量	608	608	608	608	608	608

注：** 、*** 分别表示估计结果在5%、1%水平上显著；括号内为稳健标准误。

综合上述分析，在"数字赋能—区域软环境—绿色技术采纳程度"的影响路径中，数字赋能对农户绿色技术采纳程度的正向影响已被证实，而分别将整体区域软环境、社会环境、政策环境和市场环境纳入考虑后，数字赋能的相关变量系数仍在1%水平上显著，但系数明显降低。由此可知，不管从是否数字赋能视角，还是从数字赋能程度视角分析，整体区域软环境、社会环境、政策环境和市场环境在数字赋能对绿色技术采纳程度的影响路径中的中介效应均高度显著。至此，区域软环境在数字赋能影响农户绿色技术采纳过程中的中介作用得以验证。

6.4.3 稳健性检验

为进一步验证实证结果的稳健性，本书进一步采用 Sobel 法和 Bootstrap 法检验绿色技术采纳认知和区域软环境的中介作用，结果如表 6-11 所示。从 Sobel 检验结果来看，绿色技术采纳认知和区域软环境的直接效应和间接效应均在 1% 水平上显著，这表明在数字赋能对农户绿色技术采纳的影响过程中，绿色技术采纳认知和区域软环境具有显著的中介作用。值得说明的是，Bootstrap 对中介效应的检验由 95% 的置信区间是否包含 0 来判断，若包含 0，则中介效应不存在；反之则中介效应存在。从 Bootstrap 检验结果来看，绿色技术采纳认知和区域软环境的置信区间中均不包含 0，再次证明绿色技术采纳认知和区域软环境在数字赋能对农户绿色技术采纳的影响中具有显著的中介作用。综合上述分析，前文实证结果是稳健可靠的。

表 6-11　基于 Sobel 和 Bootstrap 的稳健性检验结果

中介路径	Sobel 检验		Bootstrap 检验	中介效应比例/%
	直接效应	间接效应	95% 置信区间	
绿色技术采纳认知	0.485*** (0.099)	0.393*** (0.062)	[0.281 9, 0.514 7]	44.76
效益认知	0.461*** (0.100)	0.417*** (0.062)	[0.301 0, 0.544 2]	47.45
风险认知	0.742*** (0.104)	0.136*** (0.041)	[0.061 1, 0.224 4]	15.46
易用认知	0.640*** (0.106)	0.238*** (0.047)	[0.146 2, 0.334 4]	27.07
区域软环境	0.539*** (0.099)	0.339*** (0.059)	[0.224 2, 0.464 0]	38.60
社会环境	0.543*** (0.098)	0.335*** (0.060)	[0.221 5, 0.485 7]	38.16
政府行为	0.629*** (0.103)	0.249*** (0.050)	[0.145 6, 0.358 3]	28.38
市场环境	0.731*** (0.105)	0.147*** (0.040)	[0.064 2, 0.237 5]	16.75

注：*** 表示估计结果在 1% 水平上显著。

6.5　本章小结

数字赋能对农户绿色技术采纳的作用机制是本章关注的重点内容。为此，本章主要沿着"数字赋能—绿色技术采纳认知—绿色技术采纳"和"数字赋能—区域软环境—绿色技术采纳"两条分析思路，利用四川省水稻种植户的微观调研数据，通过中介效应的逐步检验程序检验了绿色技术采纳认知和区域软环境在数字赋能影响农户绿色技术采纳中的中介机制。此外，本章将绿色技术采纳认知和区域软环境细化，进一步检验了不同绿色技术采纳认知和不同区域软环境的中介作用。最后，为保证研究结果的稳健性，采用Sobel法和Bootstrap法再次检验了绿色技术采纳认知和区域软环境的中介作用。主要结论如下：

（1）绿色技术采纳认知是数字赋能影响农户绿色技术采纳的重要作用机制之一。首先，整体绿色技术采纳认知在数字赋能对农户绿色技术采纳的影响过程中具有显著的中介作用。不管从是否数字赋能对农户绿色技术采纳的影响来看，还是从数字赋能程度对农户绿色技术采纳的影响来看，绿色技术采纳认知的中介作用均被证实。其次，从不同绿色采纳认知的中介效应检验结果来看，效益认知、风险认知和易用认知在数字赋能对农户绿色技术采纳的影响过程中均具有显著的中介作用。因此，在数字赋能对农户绿色技术采纳的作用过程中，农户绿色技术采纳认知具有重要的中介作用。

（2）区域软环境是数字赋能影响农户绿色技术采纳的重要作用机制之一。从整体区域软环境的中介效应检验结果来看，整体区域软环境在是否数字赋能和数字赋能程度对农户绿色技术采纳影响中的中介作用均得到证实。从不同区域软环境的中介效应检验结果来看，社会环境、政策环境和市场环境在数字赋能对农户绿色技术采纳的影响路径中的中介效应均高度显著。因此，在数字赋能对农户绿色技术采纳的作用过程中，区域软环境具有重要的中介作用。

综合上述研究结论，本章得出以下重要政策启示。首先，根据绿色技术采纳认知在数字赋能对农户绿色技术采纳影响中的中介作用，政策制定者应积极促进数字技术在农户生活生产中的运用，充分利用数字技术为农户传递更多关于绿色农业技术的信息与知识，重塑农户对绿色技术采纳的认知。其次，区域软环境在数字赋能对农户绿色技术采纳的影响过程中也具有重要的中介作用，这意味着推进区域软环境的数字化，将有助于农户更好地融入区域软环境，增强农户了解获取农业绿色发展的社会、政策、市场等软环境相关信息的能力，提高农户采纳绿色生产技术的可能性。

7 数字赋能视角下农户绿色技术采纳的经济效应研究

前面两个章节我们深入探讨了数字赋能对农户绿色技术采纳的影响效应与作用机制，验证了数字赋能对农户绿色技术采纳的促进作用，并检验了绿色技术采纳认知和区域软环境在其中的中介作用。然而，一项新技术能否顺利推广运用的关键在于采纳该技术是否具有良好的经济效应，即该技术能否节约农业生产成本，增加农业生产收入。因此，农户作为理性"经济人"，绿色技术采纳是否具有节本增收效应是农户进行绿色技术采纳决策时的重要依据。若绿色技术采纳具有良好的节本增收效应，则农户采纳绿色农业技术的意愿会更加强烈。技术采纳是农户降低农业生产成本，增加农业收入的重要手段（李亚娟和马骥，2021）。从前文分析可知，数字赋能是促进农户绿色技术采纳的有效方式，数字赋能程度越高的农户，其绿色技术采纳程度也较高。那么，在水稻生产中，农户的绿色技术采纳行为具有怎样的经济效应？在数字赋能视角下，农户绿色技术采纳的经济效应又是否存在相应的异质性特征？基于此，本章利用四川省水稻种植户的调研数据，在充分考虑内生性的基础上，采用内生转换模型（ESR）分别检验农户绿色技术采纳对水稻生产收入和成本的影响，并进一步采用OLS 模型和分位数回归（QR）模型探究数字赋能视角下农户绿色技术采纳经济效应的异质性。

7.1 研究假设的提出

得益于绿色农业技术的可持续性、安全和健康等属性特征，稻农绿色农业技术采纳的增收效应主要体现在水稻产量的稳产增产和稻米品质的提升两个方面（黄炎忠 等，2020）。一方面，绿色生产技术有助于维持生态系统的稳定，增加有益的动物和微生物，促进农作物的生长，进而增加农产品产量（洪文英 等，2014；徐红星 等，2017）。例如，赵连阁等（2013）对晚稻种植的研究发现，绿色生产技术不仅能有效提升病虫害防控效果，减少病虫害带来的减产损失，还能持续改善生态环境，提升土地生产力，增加水稻增产的潜力。罗小娟等（2013）对太湖流域上游地区水稻种植户的研究发现，绿色农业技术的使用可以有效提高水稻单产，绿色农业技术采用率每增加1%，水稻产量可以提升0.04%。另一方面，绿色农业技术能减少农药化肥的污染与残留，提升农产品品质，实现农产品溢价，最终提升农业经营收入（赵秀梅 等，2014）。例如，李后建等（2021）对四川省水稻种植户的研究发现，绿色农业技术有助于减少稻谷的农药残留和其他有害物质含量，提升稻米品质，稻米的市场认可度更高，从而实现绿色稻米的市场溢价，促进稻农增收。

此外，绿色农业技术在一定程度上能减少农资消耗和劳动力投入，具有较好的成本节约效应。首先，稻农采纳绿色农业技术可以节约物质投入成本。以农药和化肥为例，生物天敌防控和物理捕杀防控等绿色病虫害防控技术具有生物靶向性特征，可以避免化学农药的病虫害抗药性问题，对病虫害具有较好的防控效果，能够有效替代化学农药的使用，从而减少化学农药的使用量和使用频率（赵秀梅 等，2014）。农家肥、绿肥等绿色施肥技术不仅能有效增加土壤的养分含量，提升土壤肥力，还能避免重金属残留超标、土壤板结等问题，可以有效替代传统化肥，从而减少化肥投入成本（李洁艳 等，2022）。此外，以秸秆还田为代表的绿色废弃物利用技术也被证实可以改善土壤的养分状况，促进作物根系生长发育，提高肥料利用率，能部分替代化肥的使用（张祎彤 等，2022）。其次，稻农采纳绿色农业技术在一定程度上还能节约劳动力投入成本。绿色农业技术增加了稻田生态系统的自有抗病虫能力和自然肥力涵养能力，可以减少农药和化肥的施用次数，从而减少施肥和施药的劳动力投入（黄炎忠 等，2020；张祎彤 等，2022）。

数字技术带来的信息完整性、决策科学性和资本积聚性，不仅能为传统要素的集约化和合理配置赋能，还能为农户的农业生产经营方式赋能，有助于农户降低农业经营的风险与成本，提升农业生产收益（韩旭东 等，

2018）。首先，数字技术可以帮助农户更好地与消费者进行沟通交流，提高绿色农产品供给与需求的匹配程度，降低绿色生产的市场风险，提升绿色农产品的市场溢价水平，从而促进农户增加农业经营收入。其次，基于数字技术的信息汇聚、整理、搜索和沟通等功能，农户不仅可以从更广阔的时空范围内以较低的成本整合、获取、学习绿色生产技术，还可以直接从绿色生产资料供应商处以较低的价格获取绿色生产资料，降低农户绿色生产资料的购买价格，从而节约农业生产成本。然而，我国农户群体内部特征差异较大（邓衡山 等，2016），不同农户对数字技术的学习运用程度各不相同，进而可能导致农户绿色技术采纳的经济效益存在异质性。一般而言，相对于非数字赋能户，有数字赋能的农户更可能借助数字技术进一步降低农业绿色生产成本，促进绿色农产品的市场溢价，进而增强其绿色技术采纳的节本增收效应。

综上所述，本章认为农户绿色技术采纳具有较好的节本和增收效应，但在不同的数字赋能情况下，其节本增收效应具有异质性。据此，本章提出以下研究假设：

假设 7-1：农户绿色技术采纳对农业收入具有显著的正向影响。

假设 7-1a：相对于非数字赋能户，数字赋能户采纳绿色技术的增收效应更为明显。

假设 7-2：农户绿色技术采纳对农业生产成本具有显著的负向影响。

假设 7-2a：相对于非数字赋能户，数字赋能户采纳绿色技术的节本效应更为明显。

7.2 变量选取与描述性统计

7.2.1 变量选取

7.2.1.1 被解释变量

种植收入与种植成本。本部分研究旨在分析稻农采纳绿色农业技术所产生的经济效应，参考黄炎忠等（2020）的研究，本章主要从水稻种植收入和种植成本两个方面衡量农户绿色技术采纳的经济效应。调研问卷中通过询问"您 2021 年的每亩水稻种植收入为多少"和"您 2021 年的每亩水稻生产成本为多少"来表征。

7.2.1.2 核心解释变量

农户绿色技术采纳。借鉴杨彩艳（2021）、马千惠（2021）、田路（2022）等的相关研究，本书主要从是否采用绿色农业技术和绿色农业技术采纳程度两个方面进行测量，包含耕种、病虫害防控、施肥、灌溉和废弃物处理五大类绿色生产技术。在"是否采用绿色农业技术"的测量方面，本书将未采用绿色农业技术的农户赋值为0，任意采纳其中一种或多种绿色农业技术的农户赋值为1。在"绿色农业技术采纳程度"的测量方面，以农户对五类绿色农业技术的采纳数量来反映，采纳绿色农业技术的数量越多，则绿色技术的采纳程度越高，其取值为采纳0种、1种、2种、3种、4种、5种。关于农户绿色技术采纳变量的详细描述，请参见5.2.1节。

7.2.1.3 控制变量

为保证模型回归结果准确可靠，参考已有相关研究的做法（曾晶等，2022；余威震和罗小锋，2022），本书主要从农户个人特征、家庭经营特征和环境特征三个方面选取控制变量。其中，个人特征包括受访者性别、年龄、受教育程度、政治身份、兼业情况、风险偏好等；家庭经营特征包括家庭总人数、外出务工人数、家庭成员最高受教育程度、种植规模等；环境特征包括到县城距离、地形地貌特征和地区虚拟变量。

7.2.1.4 工具变量

受到其他可观测和不可观测因素的影响，农户是否采纳绿色农业技术并不能完全视为一个外生变量，且样本可能存在选择偏差问题，会影响模型的识别性。为此，参考已有研究（李亚娟和马骥，2021；田路和郑少锋，2022），本书选取农户绿色技术采纳认知作为工具变量，以解决模型潜在的内生性问题。值得说明的是，农户绿色技术采纳认知会直接影响农户的绿色技术采纳行为，通常来说，农户的绿色技术采纳认知水平越高，表明农户拥有的绿色技术相关知识越丰富，对绿色技术采纳的重要性理解更充分，从而更愿意采纳绿色农业技术。同时，农户绿色技术采纳认知并不能直接影响农户的水稻种植收益与成本，符合工具变量选择标准。关于农户绿色技术采纳认知变量的详细描述，请参见6.2.1节。

表 7-1　变量选取与赋值说明

变量名称	变量定义与赋值
被解释变量	
种植收入/元/亩	单位面积水稻种植收入
种植成本/元/亩	单位面积水稻种植成本
核心解释变量	
是否采纳绿色技术	水稻生产中是否采纳了各项绿色农业技术，1＝是，0＝否
绿色技术采纳程度	绿色生产行为的综合值，取值为 0，1，2，3，4，5
个人特征	
性别	受访者性别，1＝男，0＝女
年龄/岁	受访者年龄
受教育程度/年	受访者受教育年限
村干部	受访者是否为村干部，1＝是，0＝否
是否兼业	受访者是否为兼业农户，1＝是，0＝否
风险倾向	受访者的风险倾向，1＝低风险倾向，2＝中风险倾向，3＝高风险倾向
家庭经营特征	
总人数/人	受访者家庭总人数
务工人数/人	受访者家庭成员外出务工人数
最高受教育程度/年	受访者家庭成员中的最高受教育程度
种植规模	受访者水稻种植规模的对数
环境特征	
到县城的距离/km	实际距离
地形	受访者经营土地所在地的地形，1＝平原，2＝丘陵，3＝山地
地区虚拟变量	1＝成都平原经济区，2＝川东北经济区，3＝川南经济区
工具变量	
绿色技术采纳认知	利用熵值法测算得出的农户绿色认知综合值

7.2.2　样本描述性统计

各变量的描述性统计及均值差异分析结果如表 7-2 所示。从总体样本统计来看，农户水稻种植收入和种植成本的均值分别为 1 157.362 和 946.373，可以看出水稻的总体种植收益较低，如何降低水稻种植成本，增加水稻种植收入是实现水稻产业高质量发展的题中之义。从均值差异的

t 检验来看，数字赋能组和非数字赋能组的种植收入与成本均值分别为 1 215.038、1 094.117、926.870、967.759，均值差异分别为 120.921、-40.889，均在 1% 水平上显著，表明数字赋能组和非数字赋能组农户的水稻生产成本与收益存在显著差异。除性别和家庭总人数外，其余变量的均值差异也在 5% 及以上水平上通过检验。

表 7-2　变量描述性统计及均值差异分析

变量名称	总样本 （N=608）		数字赋能组 （N=318）		非数字赋能组 （N=290）		差值
	均值	标准差	均值	标准差	均值	标准差	
被解释变量							
种植收入	1 157.362	113.752	1 215.038	102.501	1 094.117	89.325	120.921***
种植成本	946.373	38.555	926.870	35.241	967.759	29.740	-40.889***
核心解释变量							
是否采纳绿色技术	0.839	0.368	0.997	0.056	0.666	0.473	0.331***
绿色技术采纳程度	2.485	1.413	3.242	0.950	1.655	1.371	1.587***
个人特征							
性别	0.877	0.329	0.858	0.349	0.897	0.305	-0.038
年龄	54.984	10.291	49.305	8.959	61.210	7.746	-11.905***
受教育程度	8.498	3.191	9.934	2.986	6.924	2.618	3.010***
村干部	0.148	0.355	0.189	0.392	0.103	0.305	0.085***
是否兼业	0.286	0.452	0.390	0.489	0.172	0.378	0.218***
风险倾向	2.125	0.832	2.516	0.718	1.697	0.733	0.819***
家庭经营特征							
总人数	4.684	1.802	4.78	1.577	4.579	2.018	0.201
务工人数	1.053	1.192	0.950	1.01	1.166	1.357	-0.216**
最高受教育程度	11.928	3.461	12.811	3.09	10.959	3.590	1.853***
种植规模	3.264	1.884	3.803	1.938	2.673	1.633	1.130***
环境特征							
到县城的距离	23.681	12.769	21.334	12.973	26.255	12.049	-4.921***
地形	1.691	0.507	1.597	0.522	1.793	0.469	-0.196***
地区虚拟变量	2.031	0.903	1.767	0.897	2.321	0.818	-0.553***
工具变量							
绿色技术采纳认知	0.455	0.218	0.573	0.158	0.325	0.199	0.249***

注：**、*** 分别表示均值差异在 5%、1% 的水平上显著。

7.3 模型构建

本章旨在探究绿色农业技术采纳与水稻生产经济效应之间的因果关系。然而，农户的绿色技术采纳行为并不是随机的，而是在外界环境及自身内在特征的影响下，农户自愿做出的行为选择，因此样本不可避免地存在选择偏差问题。同时，尽管本书最大限度地将农户个体特征、家庭特征和环境特征三个层面的变量纳入控制，但仍可能存在某些不可观测变量会同时影响农户绿色技术采纳和水稻生产经济效益，也会带来严重的内生性问题，从而影响模型估计结果的可靠性。因此，为解决上述问题，本章主要选用内生转换回归模型（ESR）来进行实证分析。此外，为验证分析结果的稳健性，本章通过构建 OLS 模型和分位数回归（QR）模型，进一步分析绿色技术采纳程度对水稻生产经济效益的影响，并探讨数字赋能下，该影响在不同农户群体中的异质性。

7.3.1 内生转换模型

内生转换回归模型（ESR）是 Maddala（1983）提出的，并由 Lokshin 和 Sajaia（2004）发展完善的内生性纠正方法。ESR 模型不仅能较好地解决由可观测或不可观测因素导致的样本选择偏差问题，还能通过引入逆米尔斯比率系数来矫正选择方程和结果方程的设定偏误或遗漏变量问题（Maddala，1983）。此外，ESR 模型通过反事实分析框架，利用全信息最大似然估计来解决模型有效信息遗漏问题，可以同时估计绿色技术采纳户的水稻生产经济效应（ATT）和未采纳户的水稻生产经济效应（ATU）（黄炎忠 等，2020）。ESR 模型主要由一个行为方程和两个结果方程构成，首先构建农户绿色技术采纳行为方程如下：

$$\text{GTA}_i^* = \tau \, Z_i + \theta_i, \; with \; \text{GTA}_i = \begin{cases} 1, \; if \, \text{GTA}_i > 0 \\ 0, \; otherwise \end{cases} \quad (7\text{-}1)$$

其次，构建水稻生产结果方程如下：

$$\begin{cases} \text{Regime 1(采用绿色技术)：} \text{CSIIE}_{1i} = \beta_1 \, X'_{1i} + \varepsilon_{1i}, \; if \, \text{GTA}_i = 1 \\ \text{Regime 2(未采用绿色技术)：} \text{CSIIE}_{0i} = \beta_0 \, X'_{0i} + \varepsilon_{0i}, \; if \, \text{GTA}_i = 0 \end{cases}$$

$$(7\text{-}2)$$

其中，GTA_i 为二元变量（1 表示采纳了绿色农业技术，0 表示未采纳绿色农业技术）；Z_i 表示影响农户绿色技术采纳决策行为的变量，τ 为待估参数，θ_i 为随机误差项；$CSIIE_{1i}$ 和 $CSIIE_{0i}$ 分别表示绿色技术采纳户和未采纳户的水稻生产经济效应，X'_{1i} 和 X'_{0i} 代表影响水稻生产经济效应的解释变量，β_1、β_0 为待估参数，ε_{1i}、ε_{0i} 为随机误差项。

农户在是否采纳绿色农业技术两种情况下的条件期望分别为

$$E(CSIIE_{1i} \mid GTA_i = 1) = \beta_1 X'_{1i} + \delta_{\mu 1 V}\vartheta_{1i} \tag{7-3}$$

$$E(CSIIE_{0i} \mid GTA_i = 0) = \beta_0 X'_{0i} + \delta_{\mu 0 V}\vartheta_{0i} \tag{7-4}$$

其中，$\delta_v^2 = var(v)$，$\delta_{\mu 1 V} = cov(\mu_1, v)$，$\delta_{\mu 0 V} = cov(\mu_0, v)$ 将 δ_v^2 标准化为 1，v 是期望为 0 的随机误差项。

"已采纳绿色技术的农户不采纳绿色技术"及"未采纳绿色技术的农户采纳绿色技术"是两种不可观测的反事实情境，可将该情景下的水稻生产经济效应拟合为

$$E(CSIIE_{0i} \mid GTA_i = 1) = \beta_0 X'_{1i} + \delta_{\mu 0 V}\vartheta_{1i} \tag{7-5}$$

$$E(CSIIE_{1i} \mid GTA_i = 0) = \beta_1 X'_{0i} + \delta_{\mu 1 V}\vartheta_{0i} \tag{7-6}$$

综上，可得出绿色技术采纳的平均处理效应（ATT），即式（7-3）与式（7-5）之差：

$$ATT = E(CSIIE_{1i} \mid GTA_i = 1) - E(CSIIE_{0i} \mid GTA_i = 1) \tag{7-7}$$

同理，可得出未采纳绿色技术的平均处理效应（ATU），即式（7-6）与式（7-4）之差：

$$ATU = E(CSIIE_{1i} \mid GTA_i = 0) - E(CSIIE_{0i} \mid GTA_i = 0) \tag{7-8}$$

7.3.2 普通最小二乘法

在分析绿色技术采纳程度对水稻生产经济效应的影响时，运用 OLS 模型构建水稻生产成本收益模型如下：

$$Y_i = k_0 + k_1 B_i + k_2 C_i + \in_i \tag{7-9}$$

其中，Y_i 表示水稻生产的成本或收入，B_i 表示绿色技术采纳程度，C_i 表示控制变量，k_0 为常数项，k_1、k_2 为待估参数，$\in_i$ 为随机扰动项。

7.3.3 分位数回归模型

传统的回归模型主要是均值回归，主要考察解释变量对被解释变量的条件期望的影响。然而，我们更关心的是解释变量对整个条件分布的影

响，条件期望仅仅是刻画条件分布集中趋势的一个指标而已，难以反映整个条件分布的全貌（陈强，2014）。因此，借鉴已有研究（李亚娟和马骥，2021），本章进一步采用 Koenker 和 Bassett（1978）提出的分位数回归模型分析绿色技术采纳程度对水稻生产经济效应的影响。分位数回归模型构建如下：

$$\mathrm{UQCS}(\theta) = \int (\partial E(\mathrm{RIF}(Q_\theta, y, F_y) \mid X)/\partial X) \, d F_x \qquad (7\text{-}10)$$

其中，$\mathrm{UQCS}(\theta)$ 表示水稻种植经济效应无条件分布在 θ 分位数位置上的边际效应，$\mathrm{RIF}(Q_\theta, y, F_y)$ 为水稻种植经济效应分布 F_y 在 θ 分位数上对应的再中心化影响函数。

7.4　实证结果分析

7.4.1　农户绿色技术采纳的经济效应分析

7.4.1.1　农户绿色技术采纳的增收效应

为了检验农户绿色技术采纳与农业生产收入之间的关系，将稻农的绿色技术采纳行为决策函数、农产品收入函数进行联立估计，如表 7-3 所示。模型适应性检验显示，Wald 检验在 1% 水平上显著，表明行为方程与结果方程是相互关联的。$\ln\sigma^0$ 和 $\ln\sigma^1$ 均在 1% 水平上显著不为 0，说明不可观测因素会同时影响农户绿色技术采纳行为及其收入效应，模型确实存在选择性偏差问题，采用 ESR 模型来进行偏差纠正是合理的。

从农户绿色技术采纳行为决策的影响因素来看，风险倾向在 10% 水平上显著为正，表明风险倾向对农户绿色技术采纳具有促进作用，风险倾向越高的农户也越可能采纳绿色生产技术，这与黄炎忠等（2020）的研究结论相似。主要原因是绿色技术采纳面临较高的技术风险和市场风险（杜三峡 等，2021），农户的风险倾向越高，其承受风险的心理预期也越高，越愿意采纳风险较高的绿色生产技术。务工人数在 1% 水平上显著为正，表明家庭务工人数越多的农户，越可能采纳绿色生产技术。家庭成员最高受教育程度在 5% 水平上通过检验，正向促进农户绿色技术采纳，可能的原因是受教育程度较高的家庭成员的绿色环保意识更强，更加注重家人的食品安全和身体健康，会潜移默化地影响农户的绿色生产意识，促进其采纳绿色生产技术。农户绿色技术采纳认知在1%水平上显著为正，说明农户绿色技术采纳认知对其绿色技术采纳行为具有显著的正向影响，这与李亚娟和马骥（2021）的研究结论相似，也表明选择模型结果具有有效性。

从收入决定方程来看，不同变量对水稻种植收入的影响在估计系数和显著性上都具有明显的差异，这表明本书采用ESR模型评估水稻种植收入的影响因素是合理的。具体而言，采纳户和未采纳户的年龄均在1%水平上与水稻种植收入呈负向相关，这表明越年轻的农户，其水稻种植的收入能力越强，该结论与李洁艳等（2022）的研究结论一致。主要原因是相对年轻的农户具有更高的人力资本，更有可能学习先进的种植经验与技术来提升水稻的产量和品质，进而增加种植收入。受教育程度对采纳户的收入影响在1%上显著为正，对未采纳户的收入影响在5%水平上显著为正，且未采纳户的系数远低于采纳户的系数，这表明相对于未采纳户，受教育程度对采纳户的收入影响更为明显，该结论与黄炎忠等（2020）的研究结论相似。可能的原因是受教育程度越高的农户，其生产经营农业的理念和技术越先进，综合能力越强，越可能通过水稻种植获得更多收入，而相比未采纳户，采纳户通过绿色技术使农产品的产量和品质更高，受教育程度对采纳户的收入促进作用也更为明显。是否为村干部和是否兼业对未采纳户的收入具有显著的正向影响，但对采纳户的收入影响不显著。而家庭总人数和种植规模对采纳户的收入影响均在1%水平上显著为正，对未采纳户的收入没有显著影响，可能的原因是家庭总人数越多的农户，对水稻的产量和品质的要求更高，更愿意通过绿色技术来提升水稻产量和品质，而种植规模越大的农户，有更多的土地和机会来尝试通过绿色技术提升种植收入。此外，家庭外出务工人数对采纳户和未采纳户收入的影响均显著为负，可能的原因是外出务工人数越多，家庭劳动力流失越严重，不仅不利于农户扩大种植规模，也不利于农户精耕细作，进而会影响水稻产量和品质。

表7-3　农户绿色技术采纳对水稻种植收入的影响

| 变量名称 | 选择方程 | | 结果方程 | | | |
| | | | 采纳户 | | 未采纳户 | |
	系数	标准误	系数	标准误	系数	标准误
性别	−0.447	0.414	6.156	9.069	33.000	21.235
年龄	−0.009	0.015	−4.893***	0.414	−2.786***	0.796

表7-3(续)

变量名称	选择方程		结果方程			
			采纳户		未采纳户	
	系数	标准误	系数	标准误	系数	标准误
受教育程度	−0.038	0.042	11.020***	1.309	4.240**	1.784
村干部	0.293	0.312	−2.605	8.836	46.566***	15.658
是否兼业	−0.220	0.252	−4.754	7.061	25.520**	11.371
风险倾向	0.241*	0.145	−3.137	4.355	−13.486	8.938
总人数	−0.080	0.058	6.994***	1.978	1.841	3.403
务工人数	0.291***	0.110	−11.318***	2.906	−12.285**	5.757
最高受教育程度	0.085**	0.034	0.251	1.049	−0.986	1.615
种植规模	0.138	0.087	7.701***	2.587	5.239	4.289
到县城的距离	0.004	0.008	−0.327	0.250	−0.097	0.642
地形	−0.085	0.261	−2.399	7.875	−9.332	15.899
绿色技术采纳认知	6.429***	0.681				
地区虚拟变量	已控制		已控制		已控制	
常数项	−1.801	1.495	1 283.934***	39.519	1 125.697***	72.004
$\ln\sigma^0$					3.804***	0.080
ρ^0					−0.802***	0.250
$\ln\sigma^1$			4.221***	0.033		
ρ^1			−0.787***	0.226		
Wald 检验			572.89***			
对数似然值			−3 458.666			
样本量			608			

注：*、**、*** 分别表示估计结果在10%、5%、1%水平上显著。

　　农户采纳绿色生产技术可以显著提升其水稻种植收入。为反映采纳绿色生产技术对稻农种植收入的影响，首先基于式（7-3）和式（7-4）分别估计消除样本选择偏差后的种植收入，然后再通过式（7-5）和式（7-6）估计采纳和未采纳绿色生产技术的农户在"反事实"框架下的收入，最后根据式（7-7）和式（7-8）分别估计出 ATT 和 ATU，结果估计如表7-4所示。从估计结果可知，ATT 和 ATU 分别为147.57、95.17，且均在1%水平上显著，这表明采纳绿色生产技术使稻农的种植收入显著提升了14.25%，假设7-1得到验证。

表 7-4　农户绿色技术采纳对水稻收入影响的处理效应测算

组别	决策阶段		处理效应	
	采纳	未采纳	ATT	ATU
采纳组	1 182.84	1 035.27	147.57***	—
未采纳组	1 117.03	1 021.86	—	95.17***

注：*** 表示估计结果在1%水平上显著。

为了更加直观地呈现农户采纳绿色生产技术的收入效应，本书进一步对采纳户和未采纳户收入的概率密度分布图进行分析，如图 7-1 所示。(a) 图显示，若已采纳绿色生产技术的农户不采纳绿色生产技术，其收入的概率密度分布曲线明显左移，这表明采纳户在不采纳绿色生产技术的"反事实"框架下，其种植收入将明显降低。同理，从 (b) 图来看，未采纳绿色生产技术的农户在"反事实"框架下，其收入的概率密度分布曲线明显右移，表明未采纳户若采纳绿色生产技术，其收入将明显提升。

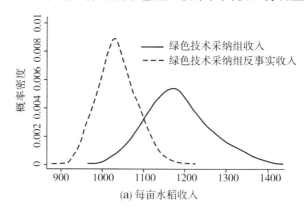

(a) 每亩水稻收入

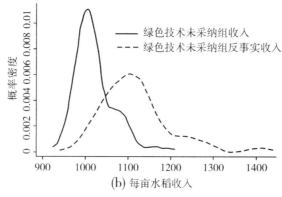

(b) 每亩水稻收入

图 7-1　两种情况下稻农收入的概率密度

7.4.1.2 农户绿色技术采纳的节本效应

为检验农户绿色技术采纳与农业生产成本之间的关系，本书再次将稻农的绿色技术采纳行为决策函数、农产品成本函数进行联立估计，结果如表7-5所示。从模型适应性检验来看，Wald检验在1%水平上显著，表明行为方程与结果方程是相互关联的。$\ln\sigma^0$和$\ln\sigma^1$均在1%水平上显著不为0，说明不可观测因素会同时影响农户绿色技术采纳行为与农业生产成本，模型确实存在选择性偏差问题，采用ESR模型来进行偏差纠正是合理的。

从农户绿色技术采纳行为的决策方程回归结果来看，风险倾向和家庭成员最高受教育程度在5%水平上对农户绿色技术采纳行为具有显著的正向影响，务工总人数和绿色技术采纳认知在1%水平上显著为正，种植规模在10%水平上显著为正，总体回归结果与前文相似，故不再展开叙述。

表7-5　农户绿色技术采纳对水稻种植成本的影响

变量名称	选择模型		节本效应模型			
			采纳户		未采纳户	
	系数	标准误	系数	标准误	系数	标准误
性别	−0.559	0.419	0.594	3.569	3.249	12.866
年龄	−0.020	0.014	1.150***	0.163	2.653***	0.469
受教育程度	−0.052	0.040	−3.029***	0.514	−0.387	1.080
村干部	0.028	0.281	−5.200	3.470	−31.353***	9.280
是否兼业	−0.043	0.232	2.646	2.767	2.412	6.876
风险倾向	0.276**	0.137	−1.339	1.714	−1.135	5.288
总人数	−0.070	0.062	−1.583**	0.778	3.331*	2.007
务工人数	0.294***	0.102	1.762	1.141	−3.603	3.463
最高受教育程度	0.079**	0.032	0.070	0.410	−0.811	0.956
种植规模	0.147*	0.077	−4.382***	1.012	−7.162***	2.515
到县城的距离	0.005	0.008	0.365***	0.098	0.082	0.351
地形	−0.234	0.255	2.318	3.097	29.274***	9.403
绿色技术采纳认知	5.718***	0.676				
地区虚拟变量	已控制		已控制		已控制	
常数项	−0.310	1.387	928.351***	15.514	806.709***	42.534
$\ln\sigma^0$					3.341***	0.079
ρ^0					−1.100***	0.284
$\ln\sigma^1$			3.288***	0.034		
ρ^1			0.884***	0.228		

表7-5(续)

变量名称	选择模型		节本效应模型			
			采纳户		未采纳户	
	系数	标准误	系数	标准误	系数	标准误
Wald 检验			336.08***			
对数似然值			−2 932.203			
样本量			608			

注: *、**、***分别表示估计结果在10%、5%、1%水平上显著。

从生产成本决定方程来看,不同变量对水稻种植成本的影响在估计系数和显著性上都具有明显的差异。具体而言,采纳户和未采纳户的年龄均在1%水平上与其水稻种植成本正相关,这表明年龄较大的农户,其水稻生产成本相对较高。可能的原因是老龄化农户的人力资本相对较低,其农业生产模式较为传统粗放,需要投入更多的物质和劳动力成本来维持水稻产量。受教育程度在1%水平上对采纳户的种植成本具有负向影响,对未采纳户的种植成本没有显著影响。可能的原因是绿色技术采纳具有一定的复杂性,受教育程度越高的农户对绿色技术的了解和掌握程度越高,越可能充分利用绿色生产技术来节约水稻生产成本。村干部在1%水平上对未采纳户的种植成本具有显著的负向影响,对采纳户的成本没有显著影响。可能的原因是采用绿色生产技术需要农户花费更多精力去学习使用绿色生产技术,而村干部在务农的同时还需要兼顾村上工作,难以有充沛的精力去完全充分掌握并采纳绿色生产技术,因而通过绿色技术采纳来节省生产成本的效果不明显。家庭总人数对采纳户和未采纳户的种植成本的影响均在1%水平上显著,但对采纳户生产成本的影响为负,对未采纳户生产成本的影响为正。种植规模对采纳户和未采纳户种植成本的影响均在1%水平上显著为负,可能的原因是种植规模越大的农户,机械化程度较高,生产效率也更高,单位面积成本投入较低。此外,到县城距离在1%水平上通过检验,正向影响生产成本,可能的原因是距县城越远的农户信息相对封闭,农资、信息和技术的获取成本相对较高。

农户采纳绿色生产技术能显著减少其水稻生产成本。农户绿色技术采纳对水稻成本影响的处理效应测算结果如表7-6所示。结果显示,ATT 和 ATU分别为−13.85、−29.83,并且均在1%水平上通过检验,这表明农户采纳绿色生产技术对其水稻种植成本具有显著的负向影响,假设7-2得到验证。此外,为了更加直观地展现农户绿色技术采纳对水稻成本影响,本书进一步依据 ESR 模型的估计结果绘制了两组农户在不同情境下水稻种植成本的概率密度分布图，如图7-2所示。由（a）图可知，采纳绿色技术的农户若不采纳绿色技术，其水稻种植成本的概率密度分布曲线有向右移趋势，这表明这种情况下农户的水稻种植成本会增加。同理，从（b）图来看，未采纳绿色技术的农户若采纳绿色技术，其水稻种植成本的概率密度分布曲线明显向左移动，这表明未采纳绿色技术的农户若采纳绿色技术，其水稻生产成本将下降。

表 7-6　农户绿色技术采纳对水稻成本影响的处理效应测算

组别	决策阶段		处理效应	
	采纳	未采纳	ATT	ATU
采纳组	925.39	939.24	−13.85***	—
未采纳组	954.09	993.92	—	−29.83***

注：*** 表示估计结果在1%水平上显著。

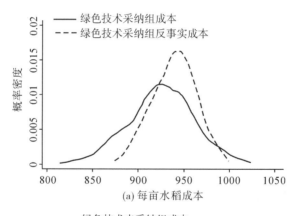

(a) 每亩水稻成本

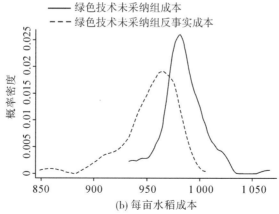

(b) 每亩水稻成本

图 7-2　两种情况下稻农成本的概率密度

7.4.2 稳健性检验

前文从农户是否采纳绿色生产技术角度证实了农户绿色生产技术采纳的节本增收效应，为进一步检验研究结论的可靠性，本书将进一步从农户绿色技术采纳程度视角，首先利用 OLS 模型分析农户绿色技术采纳程度对水稻种植收入和成本的作用，再运用 QR 模型深入探究不同收入和成本水平下农户绿色技术采纳经济效应的动态变化，参考李亚娟和马骥（2021）的做法，选取 10、25、50、75 和 90 分位点进行分位数回归，分别代表低水平、较低水平、中等水平、较高水平和高水平的水稻收入和成本水平，回归结果如表 7-7 和表 7-8 所示。

表 7-7　绿色技术采纳程度对种植收入的影响

变量名称	（1）OLS	（2）QR_10	（3）QR_25	（4）QR_50	（5）QR_75	（6）QR_90
绿色技术采纳程度	38.762***	37.390***	35.783***	41.664***	40.601***	36.403***
	(1.860)	(3.791)	(2.282)	(2.342)	(2.540)	(2.255)
性别	3.748	3.997	−3.810	7.541	12.582	−0.992
	(6.498)	(12.030)	(7.842)	(5.648)	(9.935)	(11.836)
年龄	−4.255***	−3.688***	−4.025***	−4.547***	−3.877***	−3.946***
	(0.326)	(0.595)	(0.345)	(0.406)	(0.445)	(0.599)
受教育程度	6.337***	3.510**	5.818***	4.187**	6.913***	10.172***
	(1.049)	(1.546)	(1.139)	(1.828)	(1.224)	(1.461)
村干部	−4.646	−11.172	−8.905	0.480	−6.177	−23.886**
	(6.975)	(10.503)	(8.109)	(7.757)	(7.346)	(10.309)
是否兼业	0.886	7.227	−2.793	0.713	10.655	0.278
	(5.504)	(8.046)	(5.015)	(8.635)	(7.107)	(10.736)
风险倾向	−5.186	5.112	−2.268	−9.255*	−8.304**	−1.588
	(3.343)	(4.639)	(4.275)	(4.956)	(3.885)	(5.137)
总人数	2.862*	2.203	2.639	3.430	2.648	5.636**
	(1.514)	(2.946)	(1.711)	(2.483)	(1.764)	(2.443)
务工人数	−9.049***	−10.305***	−8.082***	−10.397***	−9.808***	−11.256***
	(2.325)	(3.438)	(2.706)	(3.312)	(3.448)	(3.901)
最高受教育程度	−0.264	−0.424	−0.386	−0.320	−0.759	0.014
	(0.773)	(1.071)	(1.241)	(1.166)	(0.912)	(1.415)

表7-7(续)

变量名称	(1) OLS	(2) QR_10	(3) QR_25	(4) QR_50	(5) QR_75	(6) QR_90
种植规模	3.981** (1.952)	4.471 (3.503)	5.912* (3.162)	3.162** (1.574)	7.802*** (2.098)	4.824 (3.419)
到县城的距离	0.092 (0.179)	0.456 (0.290)	0.100 (0.216)	0.213 (0.189)	−0.142 (0.327)	−0.802* (0.409)
地形	−0.927 (6.170)	4.131 (8.905)	6.415 (7.749)	2.326 (7.730)	−2.965 (10.347)	−0.464 (14.684)
地区虚拟变量	已控制	已控制	已控制	已控制	已控制	已控制
常数项	1 227.061*** (29.878)	1 122.158*** (53.871)	1 178.817*** (40.020)	1 254.400*** (39.844)	1 217.454*** (37.976)	1 243.479*** (71.579)
样本量	608	608	608	608	608	608

注：*、**、***分别表示估计结果在10%、5%、1%水平上显著。

表7-8 绿色技术采纳程度对种植成本的影响

变量名称	(1) OLS	(2) QR_10	(3) QR_25	(4) QR_50	(5) QR_75	(6) QR_90
绿色技术采纳程度	−13.576*** (0.880)	−9.719*** (0.989)	−10.933*** (0.762)	−12.321*** (0.727)	−13.214*** (0.610)	−15.349*** (1.434)
性别	2.563 (3.400)	0.400 (3.880)	1.578 (2.622)	−0.061 (2.795)	2.355 (3.002)	0.555 (4.775)
年龄	0.907*** (0.140)	0.863*** (0.179)	1.115*** (0.164)	0.940*** (0.115)	0.611*** (0.184)	0.742*** (0.230)
受教育程度	−1.332*** (0.383)	−2.471*** (0.573)	−1.858*** (0.417)	−1.826*** (0.426)	−1.090*** (0.310)	−0.478 (0.675)
村干部	−4.989** (2.025)	−0.563 (4.453)	−2.435 (3.705)	−3.368 (2.572)	−4.645** (2.013)	−7.465** (2.951)
是否兼业	0.376 (2.508)	−2.256 (4.869)	−1.030 (2.934)	1.452 (2.366)	0.647 (1.735)	0.827 (3.003)
风险倾向	0.118 (1.220)	−3.041 (1.904)	0.544 (1.734)	1.219 (1.074)	−0.114 (1.762)	−0.252 (2.003)
总人数	0.793 (0.824)	−0.126 (1.059)	0.624 (0.636)	−0.122 (0.403)	0.583 (0.598)	0.148 (0.884)
务工人数	0.284 (1.168)	−0.303 (1.586)	0.132 (1.244)	1.346 (1.035)	1.096 (0.735)	2.819 (1.763)

表7-8(续)

变量名称	(1) OLS	(2) QR_10	(3) QR_25	(4) QR_50	(5) QR_75	(6) QR_90
最高受教育程度	0.222	0.329	0.459	0.258	0.156	-0.052
	(0.309)	(0.442)	(0.407)	(0.306)	(0.373)	(0.535)
种植规模	-3.356***	-3.639***	-2.240***	-1.872**	-2.427***	-3.037*
	(0.824)	(1.077)	(0.844)	(0.828)	(0.654)	(1.664)
到县城的距离	0.268***	0.448***	0.220***	0.238***	0.233***	0.084
	(0.082)	(0.106)	(0.062)	(0.076)	(0.080)	(0.109)
地形	2.912	0.214	1.053	2.492	2.279	9.200*
	(3.109)	(3.237)	(2.118)	(2.262)	(1.659)	(5.167)
地区虚拟变量	已控制	已控制	已控制	已控制	已控制	已控制
常数项	943.111***	938.028***	912.772***	939.001***	964.795***	973.278***
	(13.567)	(17.594)	(11.736)	(10.316)	(15.279)	(20.680)
样本量	608	608	608	608	608	608

注：*、**、***分别表示估计结果在10%、5%、1%水平上显著。

从农户绿色技术采纳的增收效应估计结果来看，OLS模型回归结果显示，绿色技术采纳程度在1%水平上显著为正，这表明绿色技术采纳程度对稻农水稻种植收入具有显著的正向影响。此外，从QR模型的回归结果来看，基于10、25、50、75和90分位点的回归结果均显示绿色技术采纳程度在1%水平上对稻农水稻种植收入具有显著的正向影响。综合来看，基于绿色技术采纳程度视角的分析依然验证了农户绿色技术采纳具有显著的收入效应，与前文所得结论一致，这表明前文相关实证结果稳健可靠。

从农户绿色技术采纳的节本效应估计结果来看，OLS模型回归结果显示，绿色技术采纳程度在1%水平上显著为负，这表明绿色技术采纳程度对稻农水稻种植成本具有显著的负向影响。从QR模型回归结果来看，各分位点的回归结果也均显示绿色技术采纳程度对稻农水稻种植成本具有显著的负向影响。综合来看，基于绿色技术采纳程度视角的实证结果与前文相似，这表明前文估计结果稳健可靠。

7.4.3 数字赋能视角下农户绿色技术采纳经济效应的异质性分析

前文从是否采纳绿色技术和绿色技术采纳程度两方面充分证实了农户绿色技术采纳的节本增收效应。结合理论分析可知，数字技术的运用可以有效地为农户的绿色技术采纳行为赋能。那么，在数字技术赋能视角下，农户绿色技术采纳的经济效应是否存在异质性特征呢？这是有待本部分进一步解答的问题。为此，本部分根据农户的数字赋能情况，将总体样本划分为数字赋能组和非数字赋能组，在运用 OLS 模型初步分析绿色技术采纳程度与水稻种植成本和收入相关关系的基础上，选取 10、50 和 90 分位点进行分位数回归，分别代表种植收入和成本的低水平组、中水平组和高水平组，深入剖析数字赋能视角下不同收入和成本水平农户的绿色技术采纳经济效应的动态变化差异。

数字赋能有助于增强农户绿色技术采纳的增收效应。数字赋能视角下农户绿色技术采纳对种植收入的估计结果如表 7-9 所示，从 OLS 模型回归结果来看，绿色技术采纳程度对非数字赋能组和数字赋能组农户种植收入的影响均在 1% 水平上显著，系数分别为 39.672、47.265，这表明绿色技术采纳程度对两组农户的种植收入均有显著的正向作用，且该作用在数字赋能组更为明显。可能的原因是，绿色技术采纳程度越高的农户，越可能实现水稻的增产增质，存在数字赋能的农户能够利用数字技术更好地对接市场，更容易获得绿色农产品的市场溢价，而在我国尚未建立完善的绿色农产品市场体系的情况下，没有数字赋能的农户较少能够接触到绿色农产品的销售渠道，难以有效对接绿色农产品市场需求，可能存在优质不优价的情况。

从 QR 模型回归结果来看，在非数字赋能组中，绿色技术采纳程度对种植收入的影响在各分位点均通过 1% 水平的显著性检验，其系数先增后减，这表明在没有数字赋能的情况下，绿色技术采纳程度对低收入和高收入水平农户种植收入的影响要略低于中等收入水平的农户。可能的原因是，低收入水平组多为缺乏绿色农产品销售渠道的农户，其采纳绿色技术生产出来的绿色农产品难以较好地实现优质优价，高收入水平组则多为已经较好实现绿色农产品市场溢价的农户，其进一步提升绿色技术采纳程度对绿色农产品市场溢价的提升作用有限，而中等收入水平组则多为具有绿色农产品销售渠道但产品绿色程度一般的农户，其进一步提升绿色技术采纳程度能很好地提产品质量，从而实现更多的市场溢价。在数字赋能组中，绿色技术采纳程度对种植收入的影响在各分位点上均通过 1% 的显著水平检验，且系数依次递减，这表明在有数字赋能的情况下，随着收入水平的提高，绿色技术采纳程度对种植收入的促进作用逐渐变小。可能的原因是，在数字技术的赋能作用下，原本低水平收入组的农户能够通过数字技术拓宽绿色农产品的销售渠道，更好地实现绿色农产品的市场溢价，此时提高绿色技术采纳程度能进一步提升农产品的产量和品质，获得的市场溢价空间更大。而高收入水平组的农户可能已经通过绿色生产较好地实现了绿色农产品的市场溢价，进一步提升绿色技术采纳程度对产品产量和质量的提升作用有限，其产品能获得的市场溢价空间也相对较小。

表 7-9　数字赋能视角下农户绿色技术采纳对种植收入影响的异质性分析

变量名称	非数字赋能组				数字赋能组			
	（1）	（2）	（3）	（4）	（5）	（6）	（7）	（8）
	OLS	QR_10	QR_50	QR_90	OLS	QR_10	QR_50	QR_90
绿色技术采纳程度	39.672***	36.018***	42.919***	40.291***	47.265***	56.682***	49.316***	40.270***
	(2.540)	(3.913)	(2.842)	(5.295)	(3.807)	(7.345)	(5.706)	(6.137)
性别	0.832	-14.352	1.761	13.910	6.258	11.817	-1.820	-11.995
	(8.487)	(13.812)	(10.297)	(19.062)	(8.919)	(17.856)	(11.496)	(14.909)
年龄	-3.607***	-3.993***	-4.013***	-2.505***	-4.888***	-3.838***	-4.832***	-5.929***
	(0.422)	(0.803)	(0.612)	(0.911)	(0.434)	(0.707)	(0.543)	(0.735)
受教育程度	4.854***	6.592***	2.133	6.921***	6.925***	5.536**	6.592***	8.499***
	(1.518)	(1.901)	(1.602)	(2.267)	(1.500)	(2.806)	(2.188)	(1.686)
村干部	-2.532	-8.541	3.623	-3.720	-3.495	8.477	1.627	-27.448*
	(12.189)	(12.948)	(14.294)	(23.080)	(8.293)	(14.557)	(10.295)	(14.864)
是否兼业	3.621	5.556	2.475	-5.495	2.978	-3.766	3.999	18.779
	(8.184)	(13.102)	(9.750)	(15.370)	(7.124)	(13.155)	(11.309)	(12.831)
风险倾向	3.231	2.657	-4.656	6.730	-6.089	1.657	-10.330	-11.569
	(4.141)	(6.074)	(5.878)	(9.011)	(4.974)	(5.495)	(7.862)	(8.336)
总人数	2.809	2.496	3.861	3.477	3.226	3.341	5.352	2.171
	(1.906)	(3.156)	(3.425)	(4.516)	(2.176)	(3.368)	(3.651)	(2.519)
务工人数	-12.855***	-12.888***	-12.461***	-7.111	-2.749	-8.421	-2.609	-0.592
	(2.823)	(3.142)	(2.895)	(6.581)	(3.848)	(5.563)	(6.344)	(7.289)
最高教育水平	-0.679	-1.505	-0.121	-2.137	0.718	0.948	-0.825	4.726***
	(1.076)	(1.885)	(1.382)	(1.880)	(1.068)	(2.067)	(1.703)	(1.590)
经营规模	7.315**	9.217**	5.890	6.997	1.363	-0.745	1.610	3.651
	(2.841)	(3.646)	(5.416)	(6.393)	(2.619)	(4.490)	(3.077)	(5.865)
到县城距离	-0.077	0.286	0.185	-0.672	0.373	0.521	0.411	0.157
	(0.238)	(0.280)	(0.321)	(0.525)	(0.280)	(0.488)	(0.398)	(0.620)
地形	-0.246	12.358	0.839	-4.383	2.536	-1.998	8.875	4.051
	(8.532)	(9.379)	(10.530)	(18.555)	(8.586)	(10.577)	(14.073)	(11.970)
地区虚拟变量	已控制	已控制	已控制	已控制	已控制	已控制	已控制	已控制
常数项	1 168***	1 114***	1 208***	1 159***	1 218***	1 078***	1 226***	1 294***
	(38.943)	(60.366)	(46.968)	(80.054)	(42.478)	(65.741)	(53.891)	(65.074)
样本量	290	290	290	290	318	318	318	318

注：*、**、***分别表示估计结果在10%、5%、1%水平上显著。

综合来看，不同模型的回归结果都显示绿色技术采纳程度对稻农水稻种植收入具有显著的促进作用，但该作用在数字赋能组中更加明显，假设7-1a得到验证。这表明在不同的数字赋能情况下，绿色技术采纳对农户种植收入的促进作用具有显著的异质性特征。

数字赋能有助于增强农户绿色技术采纳的节本效应。数字赋能视角下农户绿色技术采纳对种植成本的估计结果如表7-10所示，从OLS模型回归结果来看，在非数字赋能组和数字赋能组中，绿色技术采纳程度与种植成本在1%水平上均呈显著的负相关关系，并且数字赋能组的回归系数明显更小，这表明绿色技术采纳对农户水稻种植成本具有显著的负向影响，且该影响在数字赋能组中的作用更为明显。可能的原因是，在数字赋能情况下，农户可以借助数字技术实现跨时空、低成本地获取绿色生产所需的信息、技术和物质资料，因而农户提升绿色技术采纳程度更有利于节省种植成本。

从QR模型估计结果来看，在非数字赋能组中，绿色技术采纳程度对农户水稻种植成本的影响在10、50和90分位点均通过1%水平的显著性检验，且系数均为负，这表明在没有数字赋能的情况下，绿色技术采纳程度对农户水稻种植成本具有显著的负向影响。在数字赋能组中，该结论依然成立，且对比数字赋能组和非数字赋能组在各分位点的估计结果可知，绿色技术采纳程度对农户水稻种植成本的负向影响在数字赋能组中更为明显，这与OLS模型的估计结果相似。主要原因是，一方面农户采纳绿色生产技术可以减少农药、化肥等物质成本的投入，另一方面还能减少化肥、农药等的施用次数，节省人工成本，而在数字技术的赋能作用下，农户的绿色技术采纳程度更高，更有利于节约生产成本。此外，从数字赋能组来看，随着成本水平的提升，绿色技术采纳程度对种植成本的回归系数由-14.758逐渐减小至-18.938，这表明在有数字赋能的情况下，随着成本水平的提高，绿色技术采纳程度对种植成本的节约作用逐渐增强。可能的原因是，相对于高成本水平的农户，低成本水平的农户已经通过绿色技术采纳获得了较低的生产成本，即数字赋能进一步提升其绿色技术采纳程度，其生产成本的下降空间也相对较小。

综合来看，OLS模型和QR模型的回归结果均显示农户绿色技术采纳程度对其水稻种植成本具有显著的负向影响，且该影响在数字赋能组中更为明显，假设7-2a得到验证。这表明在不同的数字赋能情况下，绿色技术采纳对农户种植成本的抑制作用具有显著的异质性特征。

表 7-10　数字赋能视角下农户绿色技术采纳对种植成本影响的异质性分析

变量名称	非数字赋能组				数字赋能组			
	（1）	（2）	（3）	（4）	（5）	（6）	（7）	（8）
	OLS	QR_10	QR_50	QR_90	OLS	QR_10	QR_50	QR_90
绿色技术采纳程度	−11.243***	−8.480***	−10.892***	−10.676***	−18.238***	−14.758***	−16.698***	−18.938***
	（1.105）	（2.061）	（1.501）	（2.649）	（1.602）	（3.325）	（1.730）	（2.549）
性别	−0.148	−4.142	2.593	0.066	2.932	7.881	0.586	1.740
	（3.083）	（3.895）	（3.347）	（9.036）	（5.459）	（9.612）	（3.502）	（7.962）
年龄	0.369	0.579	0.469**	−0.089	1.180***	1.235***	1.134***	0.886***
	（0.229）	（0.352）	（0.232）	（0.411）	（0.156）	（0.335）	（0.182）	（0.214）
受教育程度	−0.563	−1.796**	−0.829	0.217	−0.914*	−1.564	−1.516***	−0.362
	（0.541）	（0.823）	（0.583）	（1.449）	（0.524）	（1.250）	（0.511）	（0.823）
村干部	−9.334***	−3.169	−2.320	−13.465	−6.385**	−7.589	−6.606**	−11.623***
	（3.543）	（5.147）	（4.423）	（9.172）	（2.704）	（5.560）	（2.951）	（4.071）
是否兼业	0.121	−2.725	−0.032	0.754	0.018	0.739	0.535	2.936
	（3.492）	（5.644）	（2.996）	（8.684）	（3.401）	（5.850）	（3.026）	（3.807）
风险倾向	0.322	−2.592	0.432	−0.088	0.135	−0.504	1.451	2.595*
	（1.977）	（2.553）	（1.973）	（3.703）	（1.705）	（3.580）	（1.696）	（1.433）
总人数	1.561	0.286	0.810	−0.335	0.400	0.362	−0.408	0.983
	（1.326）	（1.305）	（0.754）	（1.753）	（0.819）	（2.395）	（0.663）	（1.302）
务工人数	−0.620	−0.008	−0.408	2.683	−0.348	0.237	1.033	2.592
	（1.610）	（1.507）	（1.059）	（3.293）	（1.520）	（2.858）	（1.317）	（2.369）
最高教育水平	−0.216	−0.244	−0.050	−0.502	0.176	1.197	0.316	−0.747
	（0.357）	（0.619）	（0.410）	（0.799）	（0.501）	（1.149）	（0.287）	（0.763）
经营规模	−4.532***	−4.360***	−2.650***	−7.544*	−2.959***	−2.864	−2.280**	−2.895
	（1.241）	（1.672）	（1.010）	（4.272）	（1.112）	（3.008）	（1.148）	（1.782）
到县城距离	0.270***	0.419***	0.344***	0.309	0.117	−0.058	0.072	−0.022
	（0.098）	（0.131）	（0.090）	（0.203）	（0.108）	（0.270）	（0.118）	（0.202）
地形	4.286	−1.026	2.777	11.890	−0.526	−4.982	3.261	6.328
	（5.216）	（5.293）	（2.520）	（10.391）	（3.567）	（6.670）	（3.108）	（8.291）
地区虚拟变量	已控制	已控制	已控制	已控制	已控制	已控制	已控制	已控制
常数项	987.35***	971.13***	962.68***	1 049.95***	941.19***	904.15***	942.63***	968.61***
	（21.804）	（29.301）	（21.760）	（41.987）	（15.943）	（24.332）	（17.696）	（25.171）
样本量	290	290	290	290	318	318	318	318

注：*、**、***分别表示估计结果在 10%、5%、1%水平上显著。

7.5 本章小结

农业绿色发展并不是单纯追求绿色生态效益而忽视经济发展，而是要转变农业发展方式，以较小的绿色投入换取更多的高品质产出，效益既是农业绿色发展的重要目的，也是农业绿色发展得以延续的不竭动力。因此，本章采用四川省水稻种植户的微观调研数据，在通过内生转换模型（ESR）解决由可观测或不可观测因素导致的样本选择偏差问题的基础上，分别验证了采用绿色生产技术对水稻种植收入和成本的影响。此外，本章通过构建 OLS 模型和分位数回归（QR）模型，进一步分析绿色技术采纳程度对水稻种植收入和成本的影响，并探讨数字赋能下，该影响在不同农户群体中的异质性特征。本章主要结论如下：

（1）采纳绿色生产技术能显著地提升稻农的种植收入。估计结果显示，ATT 和 ATU 均在 1% 水平上显著为正，这表明采纳了绿色技术的农户在未采纳绿色生产技术的"反事实"情景下，其种植收入将明显降低，而未采纳绿色技术的农户在采纳绿色生产技术的"反事实"情景下，其种植收入将明显增加。

（2）采纳绿色生产技术能显著地降低稻农的种植成本。估计结果显示，ATT 和 ATU 均在 1% 水平上显著为负，这表明采纳了绿色技术的农户在未采纳绿色生产技术的"反事实"情景下，其种植成本将明显增加，而未采纳绿色技术的农户在采纳绿色生产技术的"反事实"情景下，其种植成本将明显下降。

（3）相对于非数字赋能户，数字赋能户采纳绿色技术的增收效应更为明显。OLS 模型估计结果显示，绿色技术采纳程度对非数字赋能组和数字赋能组农户种植收入的影响均在 1% 水平上显著，系数分别为 39.672、47.265。QR 模型估计结果显示，在不同数字赋能情况下，绿色技术采纳程度对种植收入的影响在各分位点均显著为正，但数字赋能组的回归系数相对更高。这表明绿色技术采纳程度对两组农户的种植收入均有显著的正向作用，且该作用在数字赋能组更为明显。

（4）相对于非数字赋能户，数字赋能户采纳绿色技术的节本效应更为明显。OLS 模型估计结果显示，在非数字赋能组和数字赋能组中，绿色技术采纳程度与种植成本在1%水平上均呈显著的负相关关系，并且数字赋能组的回归系数明显更小。QR模型估计结果显示，在非数字赋能组和数字赋能组中，绿色技术采纳程度对农户水稻种植成本的影响在10、50和90分位点均通过1%水平的显著性检验，系数均为负，且数字赋能组在各分位点的回归系数绝对值更大。这表明农户绿色技术采纳程度对其水稻种植成本具有显著的负向影响，且该影响在数字赋能组中更为明显。

综合上述研究结论，本章得出以下重要政策启示。首先，在水稻生产中，本书证实了农户绿色技术采纳行为的节本增收效应，因而政策制定者应进一步采取措施加强水稻绿色生产技术的推广运用，引导农户更多地采纳绿色生产技术，从而实现水稻生产节本增收的目的。其次，在不同的数字赋能情况下，存在数字赋能的农户采纳绿色生产技术的节本增收效应更为明显，这意味着政策制定者同时还应重视数字技术对农户绿色技术采纳的赋能作用，加强农村数字基础设施建设，强化数字技术对农户的赋能作用。

8 数字赋能农户绿色技术采纳的实现路径：基于扎根理论的探索性分析

前文从定量的角度实证分析了数字赋能对农户绿色技术采纳的影响效应和作用机制，并检验了数字赋能视角下农户绿色技术采纳具有的经济效应。从定量分析中可以得出的一个重要结论是，数字赋能对农户绿色技术采纳具有显著的促进作用，农户绿色技术采纳认知和区域软环境在其中具有重要的中介作用，农户绿色技术采纳可以显著促进农户水稻生产节本增收，并且数字赋能使农户绿色技术采纳的经济效应更为明显。然而，数字技术在中国农村地区的推广应用相对较晚，数字技术赋能农户行为的相关研究尚处于起步阶段，数字技术赋能农户绿色技术采纳的机制与路径研究还缺乏成熟的理论指导，仅采用定量分析难以系统深入地剖析数字技术赋能农户绿色技术采纳的机理与路径。因此，本章立足定性视角，采用多案例研究法，以 18 个运用了数字技术和绿色生产技术的农户样本为例，结合程序化扎根理论的编码技术，对数字技术如何赋能农户绿色技术采纳的"黑箱"进行探索性分析，从而进一步检验和丰富定量分析的相关结论，以期拓展数字赋能理论和农户绿色技术采纳理论，为推进我国农业数字化转型，实现农业高质量发展提供理论参考。

8.1 探讨的关键问题

农户的绿色技术采纳行为不仅关乎我国农业能否顺利绿色化转型，实现高质量发展，更直接影响着人民的食品安全和身体健康。根据行为经济学理论，农户行为的影响因素主要包含心理因素和环境因素两个方面（张晓慧 等，2022）。作为理性的行为个体，农户采纳绿色农业技术的行为决策首先取决于其对该行为的基本内在认知，包含效益认知、风险认知、易用认知等，经过综合考量，若农户认为绿色生产技术是易于采纳、风险较低、有利可图的，则其采纳绿色农业技术的可能性更高。其次，农户采纳绿色农业技术的行为决策还会受到政府行为、市场机制和社会氛围等外在环境因素的干扰，例如政府的激励和约束政策、市场的溢价机制以及其他农户的绿色生产行为等都会影响农户的绿色技术采纳行为（林黎 等，2021；石志恒和张衡，2022）。农户对绿色技术采纳的认知和外在环境因素的感知很大程度上受到其信息获取的影响，农户掌握的绿色农业技术相关信息越充分，意味着其对绿色技术采纳的认知程度越高，对外在环境的感知和适应能力也越强。根据农户对相关信息的了解程度，可将其绿色技术采纳过程划分为了解、感兴趣、评价、试验和采纳五个阶段（Rogers，1995）。然而，中国农村地区的信息相对闭塞，囿于地缘和血缘关系，农户间的信息传递呈现明显的差序格局，导致农户对绿色农业技术的了解程度不足（何欣和朱可涵，2019；张晓慧 等，2022）。以互联网为代表的数字技术在农村地区的推广和运用，极大地降低了信息获取壁垒，拓宽了信息获取渠道，使农户可以跨时空、低成本地获取与绿色技术相关的信息、知识与技能，进而为其绿色技术采纳行为赋能。梳理文献资料发现，当前关于数字技术赋能农户行为的研究较为缺乏，数字技术赋能农户绿色技术采纳的内涵与边界尚不明晰，数字技术赋能农户绿色技术采纳的实现路径也缺乏经验总结。基于此，本章通过多案例扎根分析主要解决以下两个关键问题：一是从案例资料中提炼归纳出数字技术赋能农户绿色技术采纳的内涵与边界；二是从实践经验中总结抽象出数字技术赋能农户绿色技术采纳的实现路径。

8.2 研究方法与资料收集

8.2.1 研究方法

扎根理论是 Glaser 和 Strauss（1967）最先提出的，通过现实资料和数据发掘抽象理论的质性研究方法。此后，经过 Strauss 和 Corbin（1997）、Charmaz（2006）的深化拓展，主要形成了经典扎根理论、程序化扎根理论和建构型扎根理论三大学派。尽管扎根理论各学派间长期存在分歧，但理论源于实践，实践检验理论的认识论原则是各学派共同遵循的扎根精神（贾旭东和衡量，2016）。相对于其他扎根流派，程序化扎根理论更强调人的主观能动性，认为数据资料中隐含了诸多因果关系，需要研究者的合理预设来整理归纳，其数据处理的基本程序为"开放性编码—主轴编码—选择性编码"（Strauss 和 Corbin，1990）。当前，数字技术赋能农户绿色技术采纳的研究还处于初级阶段，缺乏成熟的理论指导，且本章重点探究的是数字技术赋能农户绿色技术采纳的实现路径，属于"How"类型管理问题，需要系统剖析众多因果关系，基于程序化扎根理论开展探索性研究适合此类问题。因此，本书主要依据程序化扎根理论的数据处理步骤，通过开放性编码、主轴编码和选择性编码对访谈资料展开剖析，逐级提炼出标签、概念、范畴等变量，发掘各级变量间的因果关系，最终总结归纳出理论脉络。

8.2.2 资料收集

相较于定量研究要求的大样本随机抽样，案例研究则更强调"目的抽样"，即根据研究目的，最大限度地选取能为研究问题提供更多信息量的研究对象（彭澎和刘丹，2019）。基于此，本书案例农户的选取主要考虑以下几个方面：①针对不同农户群体。不同农户群体具有不同的资源禀赋，导致其数字赋能程度和绿色技术采纳能力存在差异，为保证案例材料的典型性和代表性，必须针对不同农户群体进行深入访谈，才能更全面地揭示数字赋能与农户绿色技术采纳之间的因果脉络。②采用绿色农业技术。农户绿色技术采纳是本章的重点研究对象，只有对采用了绿色农业技术的农户进行访谈，才能更好地掌握农户采纳绿色技术的影响机制。③采用多样化数字技术。对采用了数字技术的农户展开分析，有助于揭示在数字赋能下农户绿色技术采纳的实现路径。

本书的访谈材料由课题组于 2022 年 8 月—10 月在四川省主要水稻产区展开的田野调查和深度访谈获得。调查区域包含彭州市、崇州市、邛崃市、安州区、江油市、三台县、泸县、江安县、邻水县 9 个区县（市），涉及成都平原经济区、川东北经济区和川南经济区三大经济区，涵盖了四川省大部分水稻主产区，兼顾了地区间农户群体的差异。访谈前，研究者根据案例资料需求，初步拟定访谈提纲，并对访谈小组成员进行相关培训，使其熟悉访谈问题，掌握访谈技术，以保证访谈效果；实际访谈过程中，访谈小组共选取了20户基本符合要求的农户展开一对一深度访谈，对每位访谈对象进行了约30分钟的访谈并录音，最终共获取了18份符合条件的访谈材料；访谈结束后，将录音材料转换为文本后，随机选取15份案例材料进行编码分析及模型构建，剩余3份案例材料则用于理论饱和度检验。此外，在资料整理和分析过程中，当出现语言矛盾、语音模糊等情况时，则进行电话回访，以确保案例材料的准确性、完整性和客观性。

8.3　研究过程

为保证研究的信度与效度，在广泛收集和补充数据材料的基础上，本书严格按照 Strauss 等设定的程序化扎根理论编码技术，逐级解剖资料，不断提升概念及其关系的抽象层次，最终构建实质理论，具体编码策略如图8-1所示。

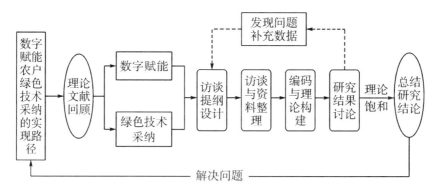

图 8-1　基本书过程

8.3.1　编码小组

为尽可能减少由编码者个人主观性导致的分析误差，增强理论的敏感性，本书案例编码主要由本书者以及两位熟悉扎根理论编码工作的硕士研究生完成。编码前，对编码成员进行了统一的技术培训，对编码工作的可操作性进行充分讨论后，三位编码成员分别独立对五个案例展开标签化工作，根据各成员的标签化结果，由本书者确定每个案例的最终标签。此外，对标签的概念化、范畴化、理论化等工作也均由编码小组共同讨论完成。

8.3.2　理论采样和连续比较

理论采样和连续比较是扎根精神的集中体现，贯穿扎根研究的整个编码过程。编码小组在对案例资料标签化、概念化、范畴化和理论化的过程中，根据资料需求，对访谈对象进行电话回访，不断收集补充新资料，对已经形成的标签、概念、范畴和关系进行完善和修正，直至理论呈现饱和状态。总的来说，在本书的扎根理论编码过程中，数据收集和数据分析是交互进行的，呈现为一个"收集数据—分析数据—形成理论—补充分析数据—完善理论"的有机循环过程。

8.3.3　信度和效度检验

相对于单案例研究，本书选取了四川省不同区域的 15 个案例农户进行分析，具有较高的外部效度。本书预留了 3 份案例材料进行理论饱和度检验，并在研究过程中不断补充新材料，直至较少出现新概念，基本达到了理论饱和状态。总的来看，本部分扎根理论研究的外部效度和理论饱和度较为理想。

8.4　数据编码与分析

8.4.1　开放性编码

开放性编码是根据一定原则对原始访谈资料进行初步识别、分析和编码，提取和总结出相关概念和范畴的过程，主要涉及现象定义与范畴挖掘两个环节（余菲菲 等，2021）。本书坚持最大限度对所有潜在理论保持开放的基本原则，围绕"数字技术赋能农户绿色技术采纳的实现路径"进行开放性译码。首先，编码小组根据访谈录音资料提取出与本书主题密切相关的原始语句，并初步将原始语句进行概念化，共提取出 70 条具有实质意义的初始概念（前缀为 A），具体概念化情况详见附表。其次，根据意义

相近或相同原则，将具有相同属性的概念聚合抽象为某一范畴，最终得到
30 个初始范畴，概念和范畴的对应关系如表 8-1 所示。开放性编码经历了
"原始资料提炼—概念化—范畴化"的逐级提炼分析过程，可以帮助我们
从原始资料中抽丝剥茧，发现数字技术赋能农户绿色技术采纳的逻辑
规律。

表 8-1　开放性编码形成的概念与范畴

范畴	概念	范畴	概念
社会资本禀赋	A1 干部经历 A2 政治身份	环境效益	A25 绿色技术保护了环境 A53 绿色生产保护了生态
信息共享数字化	A3 线上消息传递 A30 线上信息渠道拓展 A37 线上信息查询 A38 线上信息了解	社会效益	A55 带动其他稻农绿色种植 A68 绿色生产对消费者有好处
人力资本禀赋	A4 农户年龄 A9 绿色技术熟悉度 A56 文化水平	产品增质需求	A20 市场稻米品质低 A46 家人朋友绿色农产品需求
技术共享数字化	A5 线上技术培训 A27 线上技术学习 A31 线上技术咨询	产品销售需求	A22 优质不优价 A34 市场信任不足 A35 当地绿色消费需求不足 A42 缺乏销售渠道
知识共享数字化	A6 线上视频学习 A54 线上经验学习	市场环境改善	A26 线上宣传农产品 A29 线上联系消费者 A45 线上购买农资
农资共享数字化	A7 线上租赁土地	节本增收需求	A32 稻农增收期望高 A40 劳动力成本高
产品共享数字化	A36 线上销售绿色稻米	社会环境改善	A33 稻农间线上交流 A43 线上了解其他农户的水稻生产 A49 稻农间线上互助
经济效益	A8 降低土地租赁成本 A21 提升产品质量 A24 节约农资成本 A39 节约人工成本 A41 稳产增产 A47 提升产品价格	安全健康需求	A44 重视食品安全 A50 村庄环境宜居
农机共享数字化	A10 线上租赁农机	社会效益认知	A51 绿色生产有利于身体健康 A52 绿色生产有利于保障粮食安全
绿色防控技术	A11 物理防控技术 A62 生物防控技术	数字设备	A57 老年机不能上网 A60 智能手机和电脑

表8-1(续)

范畴	概念	范畴	概念
绿色施肥技术	A13 施用农家肥 A67 施用商用有机肥	感知易用性	A58 绿色生产技术容易使用
政策环境改善	A17 线上宣传政策 A28 线上了解政策信息	数字网络	A59 农村网络覆盖广
绿色废弃物处理技术	A15 秸秆粉碎还田 A18 农膜回收处理	技术风险认知	A61 技术采纳可能失败
经济效益认知	A12 物理防控少施药 A16 秸秆还田少施肥 A23 绿色稻米价更高 A63 生物防控少施药 A64 绿色施肥能增产	市场风险认知	A66 可能存在销售风险
环境效益认知	A14 农家肥污染小 A19 农药化肥污染环境 A48 秸秆还田保护土壤	绿色耕种技术	A69 适时耕种减少虫害 A70 机器深耕

8.4.2 主轴编码

主轴编码是通过聚类分析的方法，将开放性译码得出的初始范畴进行重组聚类，以构建初始范畴之间的联系，最终形成主范畴的过程（杨芳和王晓辉，2021）。为进一步探析各个初始范畴之间的联系，本书将30个初始范畴进行重组聚类，得到了10个更高级的主范畴。例如，基于开放性编码中形成的信息共享数字化、技术共享数字化、知识共享数字化、农资共享数字化、农机共享数字化和产品共享数字化等初始范畴，可以整合出在互联网等数字技术的支持下，农户与其他农业经营主体间能够通过手机电脑实现实时远程的信息共享、技术共享、知识共享、农资共享和农机共享，农户与农产品消费者之间也能通过互联网随时随地地完成农产品交易，从而最终实现数字技术为农户赋能这一条轴线。因此，可以将信息共享数字化、技术共享数字化、知识共享数字化、农资共享数字化、农机共享数字化和产品共享数字化6个初始范畴改进为"数字赋能"这一主范畴。基于上述编码方式，本书共形成10个主范畴，各个主范畴之间的关系可以用"条件—过程—结果"模式来解读，具体主轴编码结果如表8-2所示。具体而言，数字基础设施、资本禀赋和现实需求是数字技术为农户采纳绿色技术赋能的前提条件，若农户没有可用的数字设备和网络，不具备基本的社会资本禀赋和人力资本禀赋，缺少相应的赋能需求，则数字赋能将是"无源之水、无本之木"；数字技术为农户绿色技术采纳赋能的基本过程可以归纳为：在数字技术的全方位赋能作用下，农户绿色技术采纳的区域软环境得到改善，农户绿色技术采纳认知不断提升，最终促进农户做出采纳绿色农业技术的行为决策；绿色技术采纳效益是数字技术赋能农户绿色技术采纳的结果，在数字技术的赋能作用下，农户采纳绿色农业技术可以获得相应的经济、环境和社会效益。

表 8-2 主轴编码结果

编号	关系归属	主范畴	副范畴
1	条件	数字基础设施	数字网络；数字设备
		资本禀赋	社会资本禀赋；人力资本禀赋
		现实需求	产品增质需求；产品销售需求；节本增收需求；安全健康需求
2	过程	数字赋能	信息共享数字化；技术共享数字化；知识共享数字化；农资共享数字化；农机共享数字化；产品共享数字化
		区域软环境	政策环境；市场环境；社会环境
		效益认知	经济效益认知；环境效益认知；社会效益认知
		风险认知	技术风险认知；市场风险认知
		易用认知	感知易用性
		绿色技术采纳	绿色病虫害防控技术；绿色施肥技术；绿色废弃物处理技术；绿色耕种技术
3	结果	绿色技术采纳效益	经济效益；环境效益；社会效益

8.4.3 选择性编码

选择性编码在所有范畴的基础上抽象概括出核心范畴，将核心范畴与主范畴联系起来形成合理的"故事线"，从而构建出一个能反映故事完整脉络的理论模型。本书通过对案例原始资料、众多概念和各级范畴的分析总结，发现"数字技术赋能农户绿色技术采纳"可以作为统领所有案例资料的核心范畴，由选择性编码可以得到数字技术赋能农户绿色技术采纳的理论模型，如图 8-2 所示。

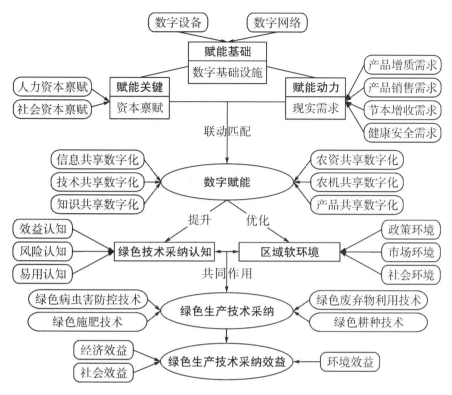

图 8-2　数字技术赋能农户绿色技术采纳的理论模型

　　基于上述分析，围绕"数字技术赋能农户绿色技术采纳"的故事线大致可以概括为以下内容。首先，数字基础设施为数字赋能提供硬件和软件支持，是数字赋能的前提和基础。农户资本禀赋决定了农户的数字技术运用能力，是数字赋能的关键所在。农户的现实需求可以为数字赋能提供源源不断的内生动力，是数字赋能的动力源泉。数字基础设施、农户资本禀赋和现实需求共同组成了数字技术赋能农户绿色技术采纳的前提条件，三者之间相互串联，缺一不可。其次，在数字基础设施、农户资本禀赋和现实需求的联动匹配下，农户可以通过互联网设备和平台实现信息、技术、知识、农资、农机以及产品等要素的共享。从以上要素共享中可以发现，一方面农户绿色技术采纳认知得以提升，农户对绿色技术采纳的效益认知、风险认知和易用认知水平增加，另一方面农户采纳绿色技术的区域软环境得以优化，农户对绿色技术采纳的政策环境、市场环境和社会环境的感知范围和程度得到增强，从而在内在绿色技术采纳认知和外在区域软环境的共同作用下，农户可能会增强对绿色病虫害防控技术、绿色施肥技术、绿色废弃物利用技术和绿色耕种技术等的采纳。最终，在数字技术的赋能作用下，农户通过绿色技术采纳可以更好地实现农业生产的经济效益、社会效益和环境效益。

8.5　主要研究发现

8.5.1　数字技术赋能农户绿色技术采纳的内涵

基于扎根理论分析，本书认为数字技术赋能农户绿色技术采纳的内涵主要涵盖三个层面的内容，即主体赋能、过程赋能和成果赋能，如图 8-3 所示。首先，从主体赋能层面来看，数字技术的推广运用使农户与政府、农资供应商、农产品消费者、农技专家、其他农户以及其他相关群体间的联系更加紧密，有助于提升农户对绿色技术采纳的认知水平，增强农户采纳绿色农业技术的意愿和能力。以互联网为代表的数字技术能有效打破信息传递的时空壁垒，使点对点的沟通更加及时、高效，有助于农户与其他社会群体间搭建起农业信息共享体系，从而帮助农户从更广阔的渠道获取海量绿色技术信息。例如，借助智能手机、电脑等数字设备，一方面农户可以随时随地与其他农户交流绿色农业技术采纳经验，从政府网站了解相关的绿色农业政策信息，在线听取农技专家的技术知识分享，通过网络购买绿色农业生产资料、销售绿色农产品，与其他相关群体进行绿色农业信息交流互动。另一方面农户可以及时将自己的绿色生产实践经验与问题反馈给其他相关群体，最终形成一个良性的知识信息共享循环系统，使农户对绿色技术相关信息的获取利用能力大大提升。

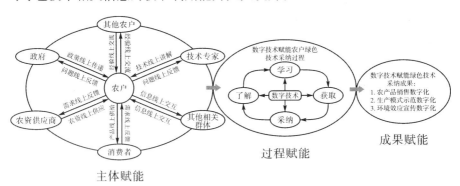

图 8-3　数字技术赋能农户绿色技术采纳的内涵

其次，从过程赋能层面来看，数字技术的赋能作用贯穿农户采纳绿色技术的整个过程。通过数字技术，农户不仅可以更加全面地了解绿色技术相关知识信息，还可以借助视频等手段直观地学习掌握相关绿色农业技术，增强绿色农业技术的易用性。同时，数字技术可以帮助农户直接与农资供应商进行对话，减少农资购买的中间环节，以较低的成本获取所需的绿色农业生产资料，降低绿色技术采纳成本。此外，农户采纳绿色农业技术过程中遇到的任何问题，都可以通过互联网及时寻求解决办法，帮助农户更好地采纳运用绿色农业技术，降低潜在的技术风险。

最后，从成果赋能层面来看，数字技术的应用可以为农户绿色技术采纳的成果赋能，主要体现为绿色农产品销售数字化、绿色生产模式示范数字化和环境效应宣传数字化。从前文分析可知，农户采纳绿色农业技术的效益主要包含经济效益、社会效益和环境效益三个方面，而数字技术的运用可以更好地帮助农户实现绿色技术采纳的效益。一方面，借助数字技术，农户可以加强与农产品消费者直接的联系，及时了解掌握消费者的绿色需求，有助于农户能够及时科学地调整生产方式，生产适销对路的绿色农产品，更好地实现绿色农产品的市场溢价，从而增加绿色技术采纳的经济效益。另一方面，农户可以通过互联网展示其绿色生产模式，不仅有助于消费者深入了解绿色产品，促进产品销售，也有助于其他农户了解学习绿色生产经验，推广绿色生产模式，从而更好地实现绿色技术采纳的社会效益。此外，绿色农业技术作为环境友好技术，还具有较好的环境效应，数字技术的应用在一定程度上能进一步扩大绿色技术采纳的环境效应。通过数字技术的宣传作用，农户可以通过其实践成果向同村居民直观展示绿色技术采纳的环境效益，提升其他农户的环保健康意识，带动周边农户共同维护村庄环境。

8.5.2 数字技术赋能农户绿色技术采纳的实现路径

基于程序化扎根理论编码技术的多个案例分析可知，必要的数字基础设施和资本禀赋是数字技术为农户赋能的基础和前提；而农户的现实需求则是数字技术为其赋能的重要动力源泉。在数字基础设施、资本禀赋和现实需求的联动匹配下，数字技术可以帮助农户实现与政府、农资供应商、农产品消费者、农技专家、其他农户以及其他相关群体间的信息和物质共享，从而为农户赋能，以提升农户的绿色技术采纳认知水平，优化农户绿色技术采纳的区域软环境，最终促进农户采纳绿色农业技术。因此，本书认为数字技术赋能农户绿色技术采纳的实现路径主要有以下三点：

（1）以数字"新基建"建设和数字"新农人"培育为切入点的赋能路径。数字"新基建"是以新发展理念为引领，以技术创新为驱动，以信息网络为基础，面向高质量发展需要，提供数字转型、智能升级、融合创新等服务的基础设施体系，可以为数字技术赋能农户绿色技术采纳厚植"数字土壤"（钞小静，2020；蒋祖存和徐双敏，2022）。加强农村地区的数字"新基建"建设，一方面有助于通过数字技术实现对农村现存资源的整合、开发，不断催生出绿色新产业和新业态，另一方面也有助于数字技术赋能农户信息获取，打破农村信息不对称格局，将农户与上游的农资市场和下游的农产品市场有机衔接起来，使其能够围绕绿色农产品市场需求，采纳恰当的绿色生产技术以开展绿色生产经营活动（刘俊英，2022）。此外，人才支撑是数字乡村建设的关键，推进数字"新基建"建设的同时，还应加强数字"新农人"的培育。不管是数字技术还是绿色生产技术的运用，都要求农户具备较高的资本禀赋，尊重规律、尊重需求、因人施策，将更多农户培育为新时代数字"新农人"，以数字技术为农户绿色技术采纳赋能，让广大农户既能学得会、学得好，又能将绿色技术应用于生产，更好地对接日益增长的绿色农产品需求。

（2）以农户现实需求精准识别和响应为抓手的内生驱动路径。农户的多维现实需求为农户采纳绿色生产技术提供了内生动力与行动方向，而数字技术则为农户多维现实需求的识别与响应赋予了新动力。随着我国经济社会的快速发展，绿色高品质农产品的市场需求不断增加，而传统"高投入、高产出"模式下的低质农产品供给逐渐过剩，低质农产品销售问题日益突出。同时，节约生产成本，增加农业收入始终是农户面临的一项重要现实需求，也是学术界长期关注的焦点问题。此外，随着农村居民物质文化生活的不断丰富，其健康安全生产意识也不断增强，健康安全需求逐渐进入农户的现实需求范围。在农户多维现实需求的推动下，绿色、安全、高效的绿色生产技术成为农户实现生产方式转变的重要路径选择。借助数字技术强大的数据收集分析能力，有关政府部门可以精准识别出广泛存在产品增质、产品销售、节本增收和健康安全等需求的农户群体，并有针对性地为这部分农户群体线上提供绿色生产技术的有关资料，助力农户远程共享、学习和采纳绿色农业技术。

（3）以信息和物质共享为中心的多主体协同推进路径。农户绿色技术采纳是一个涉及多主体交流合作的协同过程，绿色农业技术相关的信息和物质在各主体间的流动共享水平很大程度上决定了农户的绿色技术采纳意愿和能力。借助数字技术高效的信息传递与沟通功能，农户得以与跨部门、跨专业、跨地域的多元主体实现信息、技术及物质的共享与互补，促进绿色生产资料和绿色产品的跨界整合、流动和共享，使数字赋能下的农户绿色技术采纳具有更强的有用性和易用性。数字技术可以帮助农户拓展社会关系网络，快速连接其他相关群体，从而构建起相关主体间的信息与物质数字化共享体系。例如，通过互联网信息通信技术，信息传递的时空壁垒得以打破，农户可以随时随地与全国各地的农业生产者、农资供应商、技术专家、农产品消费者等展开对话，实现绿色生产相关的信息、技术、知识、农资、农机以及农产品的线上数字化共享，极大地拓展农户的社会网络，扩大了绿色农业信息和物质的交流覆盖面积。

8.6 基于扎根理论分析的实证结果再检视

本书第 5 章和第 6 章实证分析了数字赋能对农户绿色技术采纳的影响效应和作用机制，研究结果表明，是否存在数字赋能和数字赋能程度对农户绿色技术采纳均具有显著的影响，绿色技术采纳认知和区域软环境是数字赋能影响农户绿色技术采纳的两个重要作用机制。同时，在第 7 章中，本书通过内生转换模型实证检验了数字赋能视角下农户绿色技术采纳的经济效应，发现采纳绿色农业技术能显著地提升稻农的种植收入，降低种植成本，而相对于非数字赋能户，数字赋能户采纳绿色技术的经济效应更为明显。本章通过程序化扎根理论的编码技术，对 18 位四川水稻种植户的访谈资料进行扎根分析，发现在水稻种植户的生产实践中，数字技术对稻农绿色技术采纳行为具有较好的赋能作用，该作用的发挥以必要的数字基础设施、农户资本禀赋和现实需求为前提，以数字化的信息、技术、知识、农资、农机和产品共享为手段，不断提升农户对绿色技术采纳的认知，优化农户采纳绿色技术的区域软环境，最终促进农户对绿色病虫害防控技术、绿色施肥技术、绿色废弃物利用技术和绿色耕种技术等的采纳。此外，本章案例研究还发现，稻农绿色技术采纳不仅有助于实现水稻生产节本增收，具有较好的经济效益，还可以带动周边农户进行绿色生产，在为消费者提供更多的绿色健康产品的同时，也改善了农业农村生态环境，实现了较好的社会效益和生态效益。总的来看，本章研究结论不仅从实践的角度基本印证了论文实证部分的研究结果，同时还从实践经验中提炼总结出了一些难以用现有数据衡量的信息，可以丰富和充实本书的研究结论。

8.7　本章小结

本章在前文实证研究的基础上，以四川省采用了数字技术和绿色农业技术的 18 位稻农为研究对象，采用多个案例研究法和程序化扎根理论的编码技术，围绕"数字技术赋能农户绿色技术采纳的实现路径"这一核心主题展开了探索性分析，从访谈资料中共提取出 70 条具有实质意义的初始概念，得到了 30 个初始范畴和 10 个主范畴，并将所有范畴以合理的"故事线"串联，从而构建出了一个能反映故事完整脉络的理论模型。本章主要结论如下：

（1）围绕"数字技术赋能农户绿色技术采纳"的故事线大致可以概括为：数字基础设施、农户资本禀赋和现实需求是数字技术赋能农户绿色技术采纳的前提和基础，在三者的联动匹配下，农户可以通过互联网设备和平台实现信息、技术、知识、农资、农机以及产品等要素的共享，从而实现对农户绿色技术采纳认知的提升和区域软环境的优化，最终促进农户对绿色技术的采纳，以此更好地帮助农户实现农业生产的经济效益、社会效益和环境效益。

（2）数字技术赋能农户绿色技术采纳的内涵主要涵盖主体赋能、过程赋能和成果赋能三个层面的内容。一方面，数字技术的推广运用使农户与政府、农资供应商、农产品消费者、农技专家、其他农户以及其他相关群体间的联系更加紧密，有助于提升农户对绿色技术采纳的认知水平，增强农户采纳绿色生产技术的意愿和能力。另一方面，数字技术的赋能作用贯穿农户采纳绿色技术的整个过程，有助于降低绿色技术采纳成本，提升绿色生产技术的易用性，降低潜在的技术风险。此外，数字技术的应用还可以实现绿色农产品销售、绿色生产模式示范和环境效应宣传的数字化，有效为农户绿色技术采纳的成果赋能。

（3）数字技术赋能农户绿色技术采纳的实现路径主要有以下三点：一是以数字"新基建"建设和数字"新农人"培育为切入点的赋能路径；二是以农户现实需求精准识别与响应为抓手的内生驱动路径；三是以信息和物质共享为中心的多主体协同推进路径。

综合上述研究结论，本章得出以下重要政策启示。数字基础设施是数字技术赋能农户绿色技术采纳的"硬件"，而农户资本禀赋和现实需求则是数字技术赋能农户绿色技术采纳的"软件"，必须继续加强农村地区的数字基础设施建设，大力宣传、推广和普及数字技术，加强"数字硬件基础"打造的同时，提升农村居民的数字"软实力"，充分发挥数字技术在农户沟通交流、信息查询、技术学习、问题咨询、农资获取、产品销售等方面的赋能作用，助力农户积极采纳绿色农业技术，更好地实现农业绿色生产的经济、社会和生态效益。

9 研究结论与政策启示

在我国着力推进农业高质量发展、数字强国、乡村振兴以及中国式现代化发展等战略背景下，本书通过理论、实证和案例分析探讨了数字赋能对农户绿色技术采纳的影响机制、实现路径和经济效应。作为全文的最后一章，本章的主要任务有以下三点：一是全面总结梳理前文研究内容，归纳整理出本书的主要研究结论；二是基于本书研究结论从数字赋能视角提出促进农户绿色技术采纳的政策启示；三是总结提炼本书可能存在的不足之处，提出进一步的研究展望。

9.1 主要研究结论

本书在系统全面梳理现有相关文献的基础上，首先对农户、数字赋能、绿色农业技术等核心概念进行了科学界定，归纳总结了相关研究的进展与不足，为本书的相关研究顺利开展提供了经验借鉴和方向指引。其次，基于数字经济理论、农户行为理论、农业技术扩散理论以及农业绿色发展理论，本书尝试在数字赋能视角下构建了一个农户绿色技术采纳多目标效用模型，通过经济模型推导论证了数字赋能对农户绿色技术采纳的影响，并进一步从理论上阐释了数字赋能视角下农户绿色技术采纳的影响机理与经济效应，最终搭建起"数字赋能—农户绿色技术采纳—经济效应"的理论分析框架，为后续研究奠定了扎实的理论基础。再次，从宏观农业发展视角探讨了我国农业绿色发展历程与农户绿色技术采纳的阶段特征，并从微观农户农业生产视角分析了样本农户绿色技术采纳的现状。最后，基于课题组于 2022 年 8 月至 10 月在四川省获取的微观调研数据资料，结合 OLS 模型、Ordered Probit 模型、控制方程法（CFM）、倾向得分匹配法（PSM）、中介效应检验模型、内生转换模型（ESR）、分位数回归（QR）等多种计量方法，探究了数字赋能对农户绿色技术采纳的影响及其作用机制，考察了数字赋能视角下农户绿色技术采纳的经济效应。此外，借助程序化扎根理论方法，本书还进一步对数字技术赋能农户绿色技术采纳的实现路径进行了质性研究，从实践经验中提炼总结出了一些难以用现有数据衡量的信息，丰富和充实了本书的研究内容和结论。综上所述，本书的主要研究结论可归纳为以下几个方面：

（1）农户绿色农业技术采纳深度和广度不断拓展，我国农业绿色发展初见成效。从宏观层面来看，我国绿色农业发展主要经历了萌芽期、形成期、发展期和优化升级期四个阶段。在此过程中，农户的绿色发展意识从无到有，其绿色技术采纳行为也逐渐由政府导向型的被动采纳向市场导向型的主动采纳转变，绿色农业技术的采纳渠道、种类、范围和规模都在不断增加。然而，受制于"信息困境"，仅少部分农户有足够的意愿和能力采纳绿色农业技术，大多数农户的传统生产方式未得到根本性改变。从微观层面来看，样本农户采纳绿色农业技术的整体环境较差，样本农户对各项绿色农业技术的认知情况和采纳情况均存在显著差异，其了解相关绿色农业技术的主要渠道包括农资供应商、政府农技部门、邻里亲朋、其他农业经营者和互联网平台等，提高农产品质量、保护环境和节本增收是农户采纳绿色农业技术时考虑的主要因素，缺乏对绿色技术的了解和采纳成本高则是农户未采纳各项绿色农业技术的主要原因。

（2）数字赋能对农户绿色技术采纳具有显著的正向影响，但该影响在不同绿色技术类别、经济区域和农户群体间存在显著的异质性。基于 Ordered Probit 模型的基准回归结果显示，相较于没有数字赋能的农户，数字赋能户的绿色技术采纳程度得到显著提升，进一步考虑内生性问题后，该结论依然成立。将核心自变量替换为数字赋能程度后的回归结果显示，数字赋能程度对农户绿色技术采纳的影响均在 1% 的水平上显著为正，说明数字赋能程度与农户绿色技术采纳呈现高度的正相关关系。基于不同绿色技术类别的异质性分析表明，除绿色灌溉技术外，数字赋能对农户采纳各项绿色农业技术均具有显著的正向影响，但影响程度存在一定的差异。基于不同经济区域的异质性分析显示，数字赋能对农户绿色技术采纳的促进作用在成都平原经济区最为明显，川南经济区次之，川东和川北经济区最低。此外，基于不同农户群体的异质性分析表明，相对于老龄组和低学历组，数字赋能对年轻组和高学历组农户采纳绿色技术的促进作用更为明显。

（3）绿色技术采纳认知和区域软环境是数字赋能影响农户绿色技术采纳的重要渠道。中介效应检验结果表明，在数字赋能对农户绿色技术采纳的影响过程中，农户绿色技术采纳认知和区域软环境均具有显著的中介作用。具体而言，一方面，数字技术有助于增强农户对绿色技术采纳的效益认知、风险认知和易用认知，进而帮助农户更好地做出绿色技术采纳行为决策。另一方面，数字技术有助于改善农户绿色技术采纳的社会环境、政策环境和市场环境，从而提升农户绿色技术采纳的积极性，促进农户进行绿色技术采纳。

（4）农户绿色技术采纳能显著促进水稻生产节本增收，具有较好的经济效应，但相对于非数字赋能户，数字赋能户采纳绿色技术的节本增收效应更为明显。内生转换模型回归结果表明，采纳了绿色技术的农户在未采纳绿色农业技术的"反事实"情景下，其种植收入将明显降低，种植成本将明显增加，而未采纳绿色技术的农户在采纳绿色农业技术的"反事实"情景下，其种植收入将明显增加，种植成本将明显下降。分位数回归结果表明，在不同数字赋能情况下，绿色技术采纳程度对种植收入的影响在各分位点均显著为正，但数字赋能组的回归系数相对更高。在非数字赋能组和数字赋能组中，绿色技术采纳程度对农户水稻种植成本的影响在 10、50 和 90 分位点均通过 1% 水平的显著性检验，系数均为负，但数字赋能组在各分位点的回归系数绝对值更大。

（5）数字技术为农户绿色技术采纳的赋能作用主要体现在主体赋能、过程赋能和成果赋能三个方面。通过程序化扎根理论的逐级编码，可以得到一条"数字技术赋能农户绿色技术采纳"的逻辑主线，即在数字基础设施、农户资本禀赋和现实需求的联动匹配下，农户通过数字设备和平台可以实现信息、技术、知识、农资、农机以及农产品等要素的共享，从而提升农户绿色技术采纳认知，改善区域软环境，最终促进农户绿色技术采纳。从中可以发现，主体赋能、过程赋能和成果赋能是数字技术赋能农户绿色技术采纳的基本内涵体现，可以通过加强数字"新基建"建设和数字"新农人"培育、加快对农户现实需求的精准识别与响应、促进农业信息和物质共享来实现数字技术为农户绿色技术采纳赋能。

9.2 政策启示

水稻是我国的三大主粮之一，稻农的绿色技术采纳行为直接关系到我国居民的食品安全和身体健康，在推进农业高质量发展、保障国家粮食安全以及实现农业强国和"双碳"目标的客观背景和现实需求下，深入探讨数字赋能对稻农绿色技术采纳的作用机理具有重要的现实和理论意义。由上述研究结论可知，尽管随着农业绿色化发展进程的不断推进，我国农户采纳绿色农业技术的深度和广度都在不断拓展，但囿于"信息困境"，当前我国大部分农户采纳绿色农业技术的意愿和能力仍较为缺乏。实证和案例研究结果表明，数字赋能不仅能直接促进农户绿色技术采纳，还能通过绿色技术采纳认知和区域软环境间接促进农户绿色技术采纳，进而帮助农户实现农业生产的经济、社会和生态效益。因此，根据本书的研究结果，结合农户绿色技术采纳的实际情况，本书主要从以下几方面提出政策启示。

9.2.1 强化政府的引领与扶持，推动数字经济与绿色农业产业融合发展

（1）加大农村地区数字化基础设施建设的财政支持力度，夯实数字赋能基础。农村地区的数字基础设施建设是实现数字经济与农业实体经济深度融合发展的关键，可以为数字技术的赋能作用提供"硬件"支撑。然而，数字经济有效性的发挥依赖于一定规模的数字基础设施建设，前期巨额的资金投入和漫长的回收周期导致我国广大农村地区的数字基础设施建设仍相对滞后，亟须加大国家财政对数字新基建的扶持力度。一方面，财政部、工业和信息化部、农业农村部等相关部门加强沟通与协调，共同组建推进农村地区数字基础设施建设与升级改造的领导核心，大力推进农村光纤宽带改造，加快 5G 网络、物联网、移动互联网等基础网络设施建设，不断探索数字技术与农业的应用场景，努力建设成全域覆盖、普惠共享的农村数字基础设施格局。另一方面，相关政府部门应加强顶层设计，协调数字"新基建"的供需矛盾，因地制宜地推进农村地区数字化基础设施建设。

（2）加强数字技术在农业农村领域的宣传、培训与推广，拓展数字赋能的广度和深度。党的十八大以来，国家高度重视数字农业农村建设，提出了数字乡村、"互联网+"现代农业等战略，极大地推进了数字经济与农业实体经济的深度融合发展。但数字技术出现时间较短，在农业农村领域的推广运用水平还相对较低，不利于充分发挥数字技术在农业生产经营中的赋能作用。因此，亟须加强数字技术在农业农村领域的宣传、培训与推广，通过数字新要素为农业农村发展提供新动能。一方面，多渠道开展关于数字技术的宣传活动，借助微信公众号、短视频平台等互联网新媒体，辅之以墙报、广播、电视等传统手段，广泛宣传农业生产经营中运用数字技术的方式方法和实际好处，提高农户对数字技术的认知和运用程度。另一方面，精准识别农户的学习能力和现实需求，采用线上线下相结合的方式有针对性地开展数字技术的相关培训，增强农户在农业生产经营活动中运用数字技术的意愿和能力。

（3）建立健全农业数字科技创新政策体系，提升数字赋能的质量和效率。农业的自然属性和行业属性导致农业数字化转型面临较高壁垒，数字经济与农业产业的融合发展仍相对滞后，我国农业农村领域存在较大的数字赋能空间。因此，必须重视农业数字科技创新政策体系的构建，引导数字科技在农业农村领域的创新发展，为农户的绿色生产行为注入数字新动力，具体措施有以下几点。一是要聚焦农业数字技术创新的"卡脖子"问题，加大政策扶持力度，推动构建农业数字科技联合创新平台，攻克农业芯片、关键软件、服务方案等关键技术，提升农业数字技术的创新能力；二是要完善补贴和税收政策，对符合条件的数字农业设备、农业物联网设备、农业机械设备等按照相关标准进行补贴，对研发新技术、拓展新业务、开发新品种的主体给予税收优惠；三是要加强农业数字科技知识产权保护，引导农业数字科技创新主体合作共赢、良性竞争，为农业数字科技创新营造良好氛围。

9.2.2 加快数字"新农人"培育，提升农户数字素养

（1）加强农户教育与培训，增强农户的数字技术运用能力。基于现阶段我国农村优质劳动力不断流失和人口老龄化加剧的客观现实，要实现数字技术为农户绿色技术采纳赋能，除了要加强政府政策的引导外，还需加强对农户的教育和培训，提升农户利用数字技术的意愿和能力。首先，尽

管农村人才流失严重，但在广大农户群体中仍存在一批爱学习、肯钻研、有威望且实践经验丰富的"土专家"和"田秀才"，应转变人才观，重视对农村现有人才的进一步培养，尊重规律、尊重需求、因人施策，将更多农户培育为新时代数字"新农人"。其次，在提升农村精英群体的数字素养的同时，还应充分发挥其作为"意见领袖"的榜样和示范效应，带动更多农户积极在农业生产中使用数字技术。最后，农户群体在年龄、受教育程度和认知水平等方面存在较大差异，还要精准识别农户的学习能力和现实需求，采用线上线下相结合的方式有针对性地开展数字技术的相关培训，减小不同农户群体间的"数字鸿沟"。

（2）加大对返乡人才的激励与支持，鼓励和引导非农就业人员返乡创业就业。非农就业经历不仅有助于农户增长见识、开阔眼界，还能丰富农户的知识结构，提升其学习和接纳数字技术的能力。因此，应制定和完善农村人才吸引政策，为具有非农就业经历与农业情怀的劳动力投身农业绿色生产经营提供政策支持，充分发挥返乡人才的数字素养优势，将其引导培育为数字"新农人"。同时，要全面改善农业绿色产业发展的政策、市场和社会环境，增强农业绿色产业对返乡人才的吸引力，多渠道引导年轻、有技能、高素质的非农就业人才返乡进行农业绿色生产。此外，还应充分考虑不同返乡人才的数字素养差别和数字技术需求差异，有针对性地为其提供数字技术培训，帮助其更好地在农业绿色生产经营活动中学习和运用数字技术。

（3）推进"产学研"融合发展，培育专业复合型数字人才。"产学研"合作不仅是建设创新型国家和推动科技进步的重要举措，也是培养新时代数字"新农人"的重要方式。农业高校和科研机构汇聚了大量人才、智力和科技资源，在人才培育、农技研发与推广等方面具有重要作用。因此，要大力推动产学研的交流合作，有针对性地培养服务农业绿色产业发展的数字人才。一方面，应借助地方农业高校、科研院所等的科教优势，将数字经济与农业经济相结合，开设相关课程，培育一批推进数字经济与农业经济深度融合发展的复合型人才，为数字技术赋能农业绿色生产提供人才支持。另一方面，针对广大农户的技术需求，鼓励农业高校和科研机构多渠道、多形式地定期开展关于农业数字技术、绿色技术的宣传培训，提升农户对数字技术和绿色技术的运用能力。

9.2.3 推进农业数字平台企业专业化发展，实现数字技术的有效供给

（1）建立共创共享的利益连接机制，引导多元主体共同参与农业数字平台建设。作为农业数字经济的重要载体，农业数字平台的搭建是实现数字技术为农业绿色发展赋能的前提。然而，数字平台企业与农业经营主体之间的行业类别、技术专长、业务范围等存在巨大差异，数字平台企业不直接参与农业绿色生产，但具有设计搭建农业数字平台的技术，农业经营主体直接参与农业绿色生产，却缺乏独立搭建农业数字平台的能力。因此，农业数字平台的建设需要数字平台企业与小农户、新型农业经营主体等多元主体共同参与，形成共建、共享、共赢的利益连接机制，合力推进农业数字化、绿色化发展。数字平台企业应充分利用技术优势，创新发展模式，通过技术入股或技术服务等利益连接方式，以"数字平台企业+农业公司+农户""数字平台企业+农业合作社+农户"等模式联合各类农业经营主体，共享优势资源，共同打造农业数字平台，将新型数字科技与农户的绿色生产相结合，重塑农户经营理念和农业发展方式，为农户持续、自主采纳绿色农业技术注入新动能。

（2）加强数字技术创新，提高数字技术在农业领域的应用范围和服务质量。根据本书的研究结论，数字赋能对农户绿色技术采纳的影响在不同绿色技术类别、经济区域和农户群体中具有明显差异。鉴于此，农业数字平台企业应针对不同绿色技术类别、经济区域和农户群体的特性，提供差异化的数字技术服务，更好地实现数字技术为农户绿色技术采纳行为赋能。一方面，针对不同绿色农业技术的属性，匹配专业化、精准化的数字技术服务，为农户采纳不同绿色农业技术提供有针对性的数字服务。另一方面，不同经济区域的社会、经济和文化条件各异，其农业发展模式和所需的绿色农业技术也存在差异，应基于区域农业绿色发展实际，开发符合各地区现实需求的数字技术。此外，不同的个体特征和家庭特征导致农户的数字素养存在显著差异，应兼顾不同农户群体的差异化数字需求，提高数字技术在不同农户群体中的实用性。

（3）打造开放共享的数字化农业平台，整合绿色农业资源要素。在相对封闭的农村地区，绿色农业资源要素较为分散，农户绿色技术采纳需要付出大量的时间、精力和经济成本，不利于绿色农业技术的推广运用。依

托数字技术的农业平台可以有效打破农业要素流动的时空阻隔，实现绿色农业资源要素的汇聚和共享，极大地提高了要素配置效率，从而为农户的绿色技术采纳行为赋能。因此，要着力打造开放共享的数字化农业平台，整合绿色农业资源要素，提升农户了解、学习、采纳和运用绿色农业技术的能力。一方面，加强农业绿色发展数据开放共享平台的建设和管理，依据农户使用体验不断优化数字平台服务，释放数字要素在绿色农资供给和绿色农产品流通中的活力。另一方面，依托数字化农业平台营造数字运用场景，充分发挥数字技术在农户绿色技术采纳过程中的主体赋能、过程赋能和成果赋能作用。

9.3　研究不足与未来展望

当前，关于"数字赋能对农户绿色技术采纳的影响机制研究"这一研究问题，在理论层面和实践层面仍处于探索研究阶段。囿于理论研究资料和样本数据的可获性以及时间和经费的有限性，本书虽尽力弥补缺陷，但仍存在一些需要进一步深入探究的问题，主要体现在以下两个方面：

（1）数据资料的局限性。受新冠疫情的影响以及调研时间与经费的限制，本书采用分层抽样和简单随机抽样相结合的方式，仅在四川省的水稻主产区选取了 608 户水稻种植户进行调研，并未在全国范围内的水稻主产区展开调研，也缺乏对其他典型农产品种植户的研究，这使得本书数据资料存在一定的局限性，因此本书的研究结论是否适用于其他地区和其他农作物还有待进一步探讨。同时，尽管在实证模型中将尽可能多的相关变量纳入控制，但仍可能存在某些重要的遗漏变量问题。综上，后续研究可以进行以下三个方面的拓展：一是扩展调研区域范围，从全国水稻主产区中合理选取调研区域，使数据资料更具代表性；二是拓展研究的农作物种类，进一步分析数字赋能对其他农作物种植户采纳绿色生产技术的影响，以增强研究结论的普适性；三是在现有模型基础上，尝试将更多可能影响农户绿色技术采纳的变量纳入控制，进一步提升研究结论的精准性。

（2）研究内容的有限性。由于样本数据资料有限，本书研究内容仍存在以下两个方面不足。一方面，本书仅探讨了数字赋能对农户整体绿色技术采纳行为的影响，虽然也从不同类别绿色生产技术角度进一步分析了数字赋能对农户绿色技术采纳的异质性，但不同绿色生产技术间可能存在互补或替代效应，本书缺乏对多种绿色技术间组合使用的考虑，可能会影响估计结果。另一方面，本书仅探讨了数字赋能视角下农户绿色技术采纳的经济效应，缺少对社会和生态效应的分析。尽管经济效应是多数农户采纳绿色生产技术的主要考虑因素，但随着农户生活水平和认知水平的提升，社会和生态效应也逐渐进入更多农户的考虑范围。因此，后续研究可以进一步拓展补充数据样本，深入挖掘数字赋能对农户采纳不同绿色技术组合的影响及其差异，并进一步揭示数字赋能视角下农户绿色技术采纳的社会和生态效应，为制定更加精准的绿色技术推广方案提供经验参考。

参考文献

［1］安宇宏. 数字经济［J］. 宏观经济管理，2016（12）：76-77.

［2］宾幕容，文孔亮. 基于农户满意度的循环农业技术采纳的绩效研究：以畜禽养殖废弃物利用为例［J］. 江西社会科学，2017，37（9）：93-99.

［3］曹慧，赵凯. 农户化肥减量施用意向影响因素及其效应分解：基于 VBN-TPB 的实证分析［J］. 华中农业大学学报（社会科学版），2018（6）：29-38，152.

［4］曹小勇，李思儒. 数字经济推动服务业转型的机遇、挑战与路径研究：基于国内国际双循环新发展格局视角［J］. 河北经贸大学学报，2021，42（5）：101-109.

［5］曾晗，齐振宏，杨彩艳，等. 农业区域软环境对农户采纳稻虾共作技术意愿的影响［J］. 世界农业，2021（7）：23-34，118-119.

［6］曾晶，李剑，青平，等. 农户作物营养强化技术采纳提高了生产绩效吗？：基于小麦种植户的实证分析［J］. 中国农村观察，2022（1）：107-125.

［7］畅华仪，张俊飚，何可. 技术感知对农户生物农药采用行为的影响研究［J］. 长江流域资源与环境，2019，28（1）：202-211.

［8］钞小静. 新型数字基础设施促进我国高质量发展的路径［J］. 西安财经大学学报，2020，33（2）：15-19.

［9］车立铭，陈琪，索朝和. 发展有机肥生产，改善农田生态环境［J］. 内蒙古农业科技，2009（6）：23，30.

［10］陈建军. 论数字经济发展的区域响应机制：基于长三角和浙江经验的研究［J］. 人民论坛·学术前沿，2020（17）：30-39.

［11］陈金丹，王晶晶. 产业数字化、本土市场规模与技术创新［J］. 现代经济探讨，2021（4）：97-107.

［12］陈强. 高级计量经济学及 Stata 应用［M］. 2 版. 北京：高等教育出版社，2014.

［13］陈强强，杨清，叶得明. 区域环境、家庭禀赋与秸秆处置行为：以甘肃省旱作农业区为例［J］. 应用生态学报，2020，31（2）：563-572.

［14］陈山山，王芳，柯佑鹏，等. 互联网信息获取何以影响果农测土配方施肥意愿：来自海南香蕉主产区的证据［J］. 林业经济，2022，44（10）：44-59.

［15］陈万钦. 数字经济理论和政策体系研究［J］. 经济与管理，2020，34（6）：6-13.

［16］陈小辉，张红伟，吴永超. 数字经济如何影响产业结构水平？［J］. 证券市场导报，2020（7）：20-29.

［17］陈雪婷，黄炜虹，齐振宏，等. 生态种养模式认知、采纳强度与收入效应：以长江中下游地区稻虾共作模式为例［J］. 中国农村经济，2020（10）：71-90.

［18］陈柱康，张俊飚，何可. 技术感知、环境认知与农业清洁生产技术采纳意愿［J］. 中国生态农业学报，2018，26（6）：926-936.

［19］程琳琳，张俊飚，何可. 网络嵌入与风险感知对农户绿色耕作技术采纳行为的影响分析：基于湖北省 615 个农户的调查数据［J］. 长江流域资源与环境，2019，28（7）：1736-1746.

［20］程杨. 山西省农业绿色发展评价研究［D］. 太原：山西财经大学，2019.

［21］池毛毛，叶丁菱，王俊晶，等. 我国中小制造企业如何提升新产品开发绩效：基于数字化赋能的视角［J］. 南开管理评论，2020，23（3）：63-75.

［22］楚明钦. 数字经济下农业生产性服务业高质量发展的问题与对策研究［J］. 理论月刊，2020（8）：64-69.

［23］褚彩虹，冯淑怡，张蔚文. 农户采用环境友好型农业技术行为的实证分析：以有机肥与测土配方施肥技术为例［J］. 中国农村经济，2012（3）：68-77.

［24］戴翔，杨双至. 数字赋能、数字投入来源与制造业绿色化转型

[J]. 中国工业经济, 2022 (9): 83-101.

[25] 邓衡山, 徐志刚, 应瑞瑶, 等. 真正的农民专业合作社为何在中国难寻?: 一个框架性解释与经验事实 [J]. 中国农村观察, 2016 (4): 72-83, 96-97.

[26] 杜庆昊. 数字产业化和产业数字化的生成逻辑及主要路径 [J]. 经济体制改革, 2021 (5): 85-91.

[27] 杜三峡, 罗小锋, 黄炎忠, 等. 风险感知、农业社会化服务与稻农生物农药技术采纳行为 [J]. 长江流域资源与环境, 2021, 30 (7): 1768-1779.

[28] 杜三峡, 罗小锋, 黄炎忠, 等. 外出务工促进了农户采纳绿色防控技术吗? [J]. 中国人口·资源与环境, 2021, 31 (10): 167-176.

[29] 杜艳艳, 赵蕴华. 韩国的绿色农业技术发展计划 [J]. 世界农业, 2012 (11): 45-47.

[30] 杜振华. "互联网+" 背景的信息基础设施建设愿景 [J]. 改革, 2015 (10): 113-120.

[31] 范合君, 吴婷. 数字化能否促进经济增长与高质量发展: 来自中国省级面板数据的经验证据 [J]. 管理学刊, 2021, 34 (3): 36-53.

[32] 范钧. 区域软环境对企业竞争力的作用机制及其评价体系 [J]. 科研管理, 2007 (2): 99-104.

[33] 方文, 杨勇兵. 习近平绿色发展思想探析 [J]. 社会主义研究, 2018 (4): 15-23.

[34] 冯朝睿, 徐宏宇. 当前数字乡村建设的实践困境与突破路径 [J]. 云南师范大学学报 (哲学社会科学版), 2021, 53 (5): 93-102.

[35] 冯丹萌, 许天成. 中国农业绿色发展的历史回溯和逻辑演进 [J]. 农业经济问题, 2021 (10): 90-99.

[36] 付浩然, 刘家欢, 李静菡, 等. 手机短信技术服务对小麦绿色生产技术应用的影响 [J]. 麦类作物学报, 2021, 41 (3): 379-389.

[37] 付伟, 罗明灿, 陈建成. 农业绿色发展演变过程及目标实现路径研究 [J]. 生态经济, 2021, 37 (7): 97-103.

[38] 傅新红. 中国农业品种技术创新研究 [D]. 西南农业大学, 2004.

[39] 高帆. 数字经济如何影响了城乡结构转化? [J]. 天津社会科学,

2021（5）：131-140.

[40] 高鹏，白福臣，郑沃林. 环境规制、数字化与农业面源污染 [J/OL]. 生态经济：1-15 [2023-02-24]. http://kns.cnki.net/kcms/detail/53.1193.F.20230215.1547.008.html.

[41] 高强. 农业高质量发展：内涵特征、障碍因素与路径选择 [J]. 中州学刊，2022（4）：29-35.

[42] 高天志，冯辉，陆迁. 数字农技推广服务促进了农户绿色生产技术选择吗？：基于黄河流域3省微观调查数据 [J/OL]. 农业技术经济，2023（9）：23-28.

[43] 高杨，牛子恒. 风险厌恶、信息获取能力与农户绿色防控技术采纳行为分析 [J]. 中国农村经济，2019（8）：109-127.

[44] 耿宇宁，郑少锋，刘婧. 农户绿色防控技术采纳的经济效应与环境效应评价：基于陕西省猕猴桃主产区的调查 [J]. 科技管理研究，2018，38（2）：245-251.

[45] 耿宇宁，郑少锋，陆迁. 经济激励、社会网络对农户绿色防控技术采纳行为的影响：来自陕西猕猴桃主产区的证据 [J]. 华中农业大学学报（社会科学版），2017（6）：59-69，150.

[46] 郭炳南，王宇，张浩. 数字经济、绿色技术创新与产业结构升级：来自中国282个城市的经验证据 [J]. 兰州学刊，2022（2）：58-73.

[47] 郭朝先，王嘉琪，刘浩荣. "新基建"赋能中国经济高质量发展的路径研究 [J]. 北京工业大学学报（社会科学版），2020，20（6）：13-21.

[48] 郭格，陆迁. 基于TAM的内在感知对影响农户不同节水灌溉技术采用的研究：以甘肃张掖市为例 [J]. 中国农业资源与区划，2018，39（7）：129-136.

[49] 郭海，杨主恩. 从数字技术到数字创业：内涵、特征与内在联系 [J]. 外国经济与管理，2021，43（9）：3-23.

[50] 郭清卉，李昊，李世平. 社会规范对农户化肥减量化措施采纳行为的影响 [J]. 西北农林科技大学学报（社会科学版），2019，19（3）：112-120.

[51] 韩冬梅，刘静，金书秦. 中国农业农村环境保护政策四十年回顾与展望 [J]. 环境与可持续发展，2019，44（2）：16-21.

［52］韩文龙. 数字经济赋能经济高质量发展的政治经济学分析［J］. 中国社会科学院研究生院学报, 2021（2）: 98-108.

［53］韩旭东, 杨慧莲, 郑风田. 乡村振兴背景下新型农业经营主体的信息化发展［J］. 改革, 2018（10）: 120-130.

［54］何可, 宋洪远. 资源环境约束下的中国粮食安全: 内涵、挑战与政策取向［J］. 南京农业大学学报（社会科学版）, 2021, 21（3）: 45-57.

［55］何可, 张俊飚, 田云. 农业废弃物资源化生态补偿支付意愿的影响因素及其差异性分析: 基于湖北省农户调查的实证研究［J］. 资源科学, 2013, 35（3）: 627-637.

［56］何枭吟. 美国数字经济研究［D］. 长春: 吉林大学, 2005.

［57］何欣, 朱可涵. 农户信息水平、精英俘获与农村低保瞄准［J］. 经济研究, 2019, 54（12）: 150-164.

［58］洪文英, 吴燕君, 林文彩, 汪爱娟, 张舟娜, 赵丽. 绿色防控模式对叶菜害虫的控制作用及综合效益评价［J］. 浙江农业学报, 2014, 26（4）: 986-993.

［59］洪小文. 当下要关注数字化, 谈996已过时［EB/OL］. AI财经社, 2019-06-12. https://baijiahao.baidu.com/s? id=1636099665074643605.

［60］侯建昀, 刘军弟, 霍学喜. 区域异质性视角下农户农药施用行为研究: 基于非线性面板数据的实证分析［J］. 华中农业大学学报（社会科学版）, 2014（4）: 1-9.

［61］胡志丹. 区域软环境对农民技术采纳行为的影响研究［D］. 长沙: 湖南农业大学, 2011.

［62］华中昱, 林万龙, 徐娜. 数字鸿沟还是数字红利?: 数字技术使用对农村低收入户收入的影响［J］. 中国农业大学学报（社会科学版）, 2022, 39（5）: 133-154.

［63］黄国勤, 赵其国, 龚绍林, 石庆华. 高效生态农业概述［J］. 农学学报, 2011, 1（9）: 23-33.

［64］黄季焜, 齐亮, 陈瑞剑. 技术信息知识、风险偏好与农民施用农药［J］. 管理世界, 2008（5）: 71-76.

［65］黄莉. 农业资本深化、有偏技术进步与绿色农业经济增长［D］. 重庆: 西南大学, 2021.

[66] 黄晓慧，聂凤英. 数字化驱动农户农业绿色低碳转型的机制研究 [J]. 西北农林科技大学学报（社会科学版），2023，23（1）：30-37.

[67] 黄晓慧，王礼力，陆迁. 农户认知、政府支持与农户水土保持技术采用行为研究：基于黄土高原1152户农户的调查研究 [J]. 干旱区资源与环境，2019，33（3）：21-25.

[68] 黄炎忠，罗小锋，李容容，等. 农户认知、外部环境与绿色农业生产意愿：基于湖北省632个农户调研数据 [J]. 长江流域资源与环境，2018，27（3）：680-687.

[69] 黄炎忠，罗小锋，唐林，等. 绿色防控技术的节本增收效应：基于长江流域水稻种植户的调查 [J]. 中国人口·资源与环境，2020，30（10）：174-184.

[70] 黄炎忠，罗小锋，唐林，等. 市场信任对农户生物农药施用行为的影响：基于制度环境的调节效应分析 [J]. 长江流域资源与环境，2020，29（11）：2488-2497.

[71] 黄炎忠，罗小锋. 化肥减量替代：农户的策略选择及影响因素 [J]. 华南农业大学学报（社会科学版），2020，19（1）：77-87.

[72] 黄炎忠，罗小锋. 既吃又卖：稻农的生物农药施用行为差异分析 [J]. 中国农村经济，2018（7）：63-78.

[73] 黄宗智. 略论华北近数百年的小农经济与社会变迁：兼及社会经济史研究方法 [J]. 中国社会经济史研究，1986（2）：8-15.

[74] 吉星，张红霄. 农户创业与绿色生产技术采纳：来自江苏的证据 [J]. 长江流域资源与环境，2022，31（10）：2295-2307.

[75] 加布里埃尔·塔尔德. 模仿律 [M]. 何道宽译. 北京：中国人民大学出版社，2008.

[76] 贾利军，陈恒炬. 数字技术助力中国技术赶超：理论逻辑与政策取向 [J]. 政治经济学评论，2021，12（6）：135-157.

[77] 贾琳. 农户粮食经营规模及其技术效率研究 [D]. 北京：中国农业科学院，2017.

[78] 贾旭东，衡量. 基于"扎根精神"的中国本土管理理论构建范式初探 [J]. 管理学报，2016，13（3）：336-346.

[79] 姜维军，颜廷武，江鑫，等. 社会网络、生态认知对农户秸秆还田意愿的影响 [J]. 中国农业大学学报（社会科学版），2019，24（8）：

203-216.

［80］姜维军，颜廷武，张俊飚. 互联网使用能否促进农户主动采纳秸秆还田技术：基于内生转换 Probit 模型的实证分析［J］. 农业技术经济，2021（3）：50-62.

［81］蒋军锋，殷婷婷. 行为经济学兴起对主流经济学的影响［J］. 经济学家，2015（12）：68-78.

［82］蒋祖存，徐双敏."十四五"时期中国推进"新基建"的战略意义与策略遵循［J］. 社会科学家，2022（8）：73-79.

［83］焦帅涛，孙秋碧. 我国数字经济发展对产业结构升级的影响研究［J］. 工业技术经济，2021，40（5）：146-154.

［84］金绍荣，任赞杰. 乡村数字化对农业绿色全要素生产率的影响［J］. 改革，2022（12）：102-118.

［85］金书秦，牛坤玉，韩冬梅. 农业绿色发展路径及其"十四五"取向［J］. 改革，2020（2）：30-39.

［86］金影怡，许彬，张蔚文. 风险、模糊与个体决策行为研究综述：兼论其在农业技术扩散中的应用［J］. 农业技术经济，2019（7）：15-27.

［87］靳若琼，刘泰. 进一步认识马斯洛需求层次理论：基于湖北省三个年龄段农籍人群的生活状况［J］. 内蒙古统计，2015（3）：28-29.

［88］柯晶琳，颜廷武，姜维军. 农户兼业对秸秆还田技术采纳的影响机制及效应分析：基于冀皖鄂 1150 份农户调查数据的实证［J］. 华中农业大学学报（社会科学版），2022（6）：35-44.

［89］孔祥智，方松海，庞晓鹏，等. 西部地区农户禀赋对农业技术采纳的影响分析［J］. 经济研究，2004（12）：85-95，122.

［90］蓝红星. 答好"谁来种粮"的时代之问［J］. 人民论坛，2022（24）：74-77.

［91］雷红豆. 基于二元利益非一致性的农户土地利用亲环境行为研究［D］. 西北农林科技大学，2021.

［92］冷晨昕，祝仲坤. 互联网对农村居民的幸福效应研究［J］. 南方经济，2018（8）：107-127.

［93］李后建，曹安迪. 绿色防控技术对稻农经济收益的影响及其作用机制［J］. 中国人口·资源与环境，2021，31（2）：80-89.

［94］李后建，郭安达. 农村独生子女会更倾向于创业吗？［J］. 南开

经济研究，2021（6）：234-252.

[95] 李后建. 农户对循环农业技术采纳意愿的影响因素实证分析 [J]. 中国农村观察，2012（2）：28-36，66.

[96] 李家辉，陆迁. 数字金融对农户采用绿色生产技术的影响 [J]. 资源科学，2022，44（12）：2470-2486.

[97] 李洁艳，张红丽，滕慧奇. 有机肥施用对农户利润的影响 [J]. 干旱区资源与环境，2022，36（5）：70-78.

[98] 李军，李敬. 数字赋能与老年消费：基于"宽带中国"战略的准自然实验 [J]. 湘潭大学学报（哲学社会科学版），2021，45（2）：83-90.

[99] 李立朋. 农户地理标志政策信任及其对绿色生产影响研究 [D]. 西北农林科技大学，2021.

[100] 李琪，李凯. 减量增效技术的选择性采纳与集成推广策略 [J]. 中国农业资源与区划，2022，43（7）：1-10.

[101] 李天宇，王晓娟. 数字经济赋能中国"双循环"战略：内在逻辑与实现路径 [J]. 经济学家，2021（5）：102-109.

[102] 李卫，薛彩霞，姚顺波，朱瑞祥. 农户保护性耕作技术采用行为及其影响因素：基于黄土高原476户农户的分析 [J]. 中国农村经济，2017（1）：44-57，94-95.

[103] 李文华，刘某承，闵庆文. 中国生态农业的发展与展望 [J]. 资源科学，2010，32（6）：1015-1021.

[104] 李文欢，王桂霞. 互联网使用有助于农户参与黑土地质量保护吗？[J]. 干旱区资源与环境，2021，35（7）：27-34.

[105] 李文睿，周书俊. 数字经济背景下我国农业生产方式变革：机理、矛盾与纾解 [J]. 西安交通大学学报（社会科学版），2023，43（1）：65-73.

[106] 李想，穆月英. 农户可持续生产技术采用的关联效应及影响因素：基于辽宁设施蔬菜种植户的实证分析 [J]. 南京农业大学学报（社会科学版），2013，13（4）：62-68.

[107] 李晓静，陈哲，刘斐，等. 参与电商会促进猕猴桃种植户绿色生产技术采纳吗？：基于倾向得分匹配的反事实估计 [J]. 中国农村经济，2020（3）：118-135.

[108] 李晓昀，邓崧，胡佳. 数字技术赋能乡镇政务服务：逻辑、障

碍与进路 [J]. 电子政务, 2021 (8): 29-39.

[109] 李亚娟, 马骥. 科学施肥技术的收入效应差异分析: 基于粮农初始禀赋的实证估计 [J]. 农业技术经济, 2021 (7): 18-32.

[110] 李燕凌, 陈梦雅. 数字赋能如何促进乡村自主治理?: 基于 "映山红" 计划的案例分析 [J]. 南京农业大学学报 (社会科学版), 2022, 22 (3): 65-74.

[111] 李永红, 黄瑞. 我国数字产业化与产业数字化模式的研究 [J]. 科技管理研究, 2019, 39 (16): 129-134.

[112] 李长江. 关于数字经济内涵的初步探讨 [J]. 电子政务, 2017 (9): 84-92.

[113] 李宗显, 杨千帆. 数字经济如何影响中国经济高质量发展? [J]. 现代经济探讨, 2021 (7): 10-19.

[114] 廖信林, 杨正源. 数字经济赋能长三角地区制造业转型升级的效应测度与实现路径 [J]. 华东经济管理, 2021, 35 (6): 22-30.

[115] 林黎, 李敬, 肖波. 农户绿色生产技术采纳意愿决定: 市场驱动还是政府推动? [J]. 经济问题, 2021 (12): 67-74.

[116] 刘传辉. 数字经济背景下城市群空间经济联系及效应研究 [D]. 西南财经大学, 2019.

[117] 刘丹丹. 信息经济规模的测度研究 [D]. 北京: 北京邮电大学, 2018.

[118] 刘迪, 罗小锋. 短视频 APP 对农户绿色防控技术采纳的影响 [J]. 资源科学, 2022, 44 (9): 1879-1890.

[119] 刘迪, 孙剑, 黄梦思, 等. 市场与政府对农户绿色防控技术采纳的协同作用分析 [J]. 长江流域资源与环境, 2019, 28 (5): 1154-1163.

[120] 刘钒, 余明月. 长江经济带数字产业化与产业数字化的耦合协调分析 [J]. 长江流域资源与环境, 2021, 30 (7): 1527-1537.

[121] 刘健. 新中国农村生态环境治理的艰难探索与未来展望 [J]. 经济研究导刊, 2020 (36): 12-15.

[122] 刘杰, 李聪, 王刚毅. 农户组织化促进了绿色技术采纳? [J]. 农村经济, 2022 (1): 69-78.

[123] 刘俊英. 数字 "新基建" 在乡村振兴中的发展研究 [J]. 社会

科学战线，2022（7）：258-262.

[124] 刘启雷，张媛，雷雨嫣，等. 数字化赋能企业创新的过程、逻辑及机制研究 [J]. 科学学研究，2022，40（1）：150-159.

[125] 刘荣军. 数字经济的经济哲学之维 [J]. 深圳大学学报（人文社会科学版），2017，34（4）：97-100.

[126] 刘淑春. 中国数字经济高质量发展的靶向路径与政策供给 [J]. 经济学家，2019（6）：52-61.

[127] 刘婷，唐可鑫. 区块链赋能新零售：研究热点与理论框架 [J]. 消费经济，2021，37（6）：81-90.

[128] 刘洋，董久钰，魏江. 数字创新管理：理论框架与未来研究 [J]. 管理世界，2020，36（7）：198-217，219.

[129] 刘洋，熊学萍，刘海清，等. 农户绿色防控技术采纳意愿及其影响因素研究：基于湖南省长沙市 348 个农户的调查数据 [J]. 中国农业大学学报，2015，20（4）：263-271.

[130] 刘宇荧，李后建，林斌，等. 水稻种植技术培训对农户化肥施用量的影响：基于 70 个县的控制方程模型实证分析 [J]. 农业技术经济，2022（10）：114-131.

[131] 刘战平，匡远配. 农民采用"两型农业"技术意愿的影响因素分析：以"两型社会"实验区为例 [J]. 农业技术经济，2012（6）：57-62.

[132] 刘子玉，罗明忠. 数字技术使用对农户共同富裕的影响："鸿沟"还是"桥梁"？[J]. 华中农业大学学报（社会科学版），2023（1）：23-33.

[133] 罗必良，汪沙，李尚蒲. 交易费用、农户认知与农地流转：来自广东省的农户问卷调查 [J]. 农业技术经济，2012（1）：11-21.

[134] 罗明忠，刘子玉. 数字技术采纳、社会网络拓展与农户共同富裕 [J]. 南方经济，2022（3）：1-16.

[135] 罗倩文，姜松. 农业面源污染治理的环境保护税政策改进 [J]. 税务研究，2020（5）：130-135.

[136] 罗小娟，冯淑怡，石晓平，等. 太湖流域农户环境友好型技术采纳行为及其环境和经济效应评价：以测土配方施肥技术为例 [J]. 自然资源学报，2013，28（11）：1891-1902.

[137] 骆家昕, 孙炜琳. 互联网使用能否促进农户采纳绿色农业技术: 基于河北省 436 个设施蔬菜种植户的调研数据 [J]. 中国农业资源与区划, 2023, 44 (8): 97-105.

[138] 吕铁. 传统产业数字化转型的趋向与路径 [J]. 人民论坛·学术前沿, 2019 (18): 13-19.

[139] 马红坤, 曹原. 小农格局下的中国农业高质量发展: 理论阐述与国际镜鉴 [J]. 华中农业大学学报 (社会科学版), 2023 (1): 12-22.

[140] 马千惠, 郑少锋, 陆迁. 社会网络、互联网使用与农户绿色生产技术采纳行为研究: 基于 708 个蔬菜种植户的调查数据 [J]. 干旱区资源与环境, 2022, 36 (3): 16-21, 58.

[141] 马世骏, 李松华. 中国的农业生态工程 [M]. 北京: 科学出版社, 1987.

[142] 马文奇, 马林, 张建杰, 等. 农业绿色发展理论框架和实现路径的思考 [J]. 中国生态农业学报 (中英文), 2020, 28 (8): 1103-1112.

[143] 马文彦. 数字经济 2.0: 发现传统产业和新兴业态的新机遇 [M]. 民主与建设出版社, 2017.

[144] 麦思超. 长江经济带绿色发展水平的时空演变轨迹与影响因素研究 [D]. 江西财经大学, 2019.

[145] 莫经梅, 张社梅. 城市参与驱动小农户生产绿色转型的行为逻辑: 基于成都蒲江箭塔村的经验考察 [J]. 农业经济问题, 2021 (11): 77-88.

[146] 缪沁男, 魏江. 数字化功能、平台策略与市场绩效的关系研究 [J]. 科学学研究, 2022, 40 (7): 1234-1243.

[147] 潘丹, 孔凡斌. 养殖户环境友好型畜禽粪便处理方式选择行为分析: 以生猪养殖为例 [J]. 中国农村经济, 2015 (9): 17-29.

[148] 逄健, 朱欣民. 国外数字经济发展趋势与数字经济国家发展战略 [J]. 科技进步与对策, 2013, 30 (8): 124-128.

[149] 彭代彦, 李亚诚, 李昌齐. 互联网使用对环保态度和环保素养的影响研究 [J]. 财经科学, 2019 (8): 97-109.

[150] 彭德雷, 郑琎. "一带一路" 数字基础设施投资: 困境与实施 [J]. 兰州学刊, 2020 (7): 98-111.

[151] 彭澎, 刘丹. 三权分置下农地经营权抵押融资运行机理: 基于扎根理论的多案例研究 [J]. 中国农村经济, 2019 (11): 32-50.

[152] 彭欣欣, 陈美球, 王思琪, 等. 基于 TAM 的农户环境友好型技术采纳意愿的影响分析: 以测土配方施肥技术为例 [J]. 中国农业资源与区划, 2021, 42 (5): 209-218.

[153] 彭新慧, 闫小欢. 互联网使用对苹果种植户绿色生产技术采纳行为的影响 [J]. 北方园艺, 2022 (17): 147-153.

[154] 齐文浩, 张越杰. 以数字经济助推农村经济高质量发展 [J]. 理论探索, 2021 (3): 93-99.

[155] 齐振宏, 汪熙琮, 何坪华. 外出务工经历对农户稻虾共养技术采纳规模的影响研究: 基于生计资本的中介效应 [J]. 农林经济管理学报, 2021, 20 (4): 438-448.

[156] 祁怀锦, 曹修琴, 刘艳霞. 数字经济对公司治理的影响: 基于信息不对称和管理者非理性行为视角 [J]. 改革, 2020 (4): 50-64.

[157] 恰亚诺夫. 农民经济组织 [M]. 北京: 中央编译出版社, 1996.

[158] 乔金杰, 穆月英, 赵旭强. 基于联立方程的保护性耕作技术补贴作用效果分析 [J]. 经济问题, 2014 (5): 86-91.

[159] 秦秋霞, 郭红东, 曾亿武. 乡村振兴中的数字赋能及实现途径 [J]. 江苏大学学报 (社会科学版), 2021, 23 (5): 22-33.

[160] 秦诗乐, 吕新业. 农户绿色防控技术采纳行为及效应评价研究 [J]. 中国农业大学学报 (社会科学版), 2020, 37 (4): 50-60.

[161] 曲甜, 张小劲. 大数据社会治理创新的国外经验: 前沿趋势、模式优化与困境挑战 [J]. 电子政务, 2020 (1): 92-102.

[162] 任保平. 数字经济引领高质量发展的逻辑、机制与路径 [J]. 西安财经大学学报, 2020, 33 (2): 5-9.

[163] 任保霞, 郭红东, 曾亿武. 乡村振兴中的数字赋能及实现途径 [J]. 江苏大学学报 (社会科学版), 2021, 23 (5): 22-33.

[164] 任波, 黄海燕. 数字经济驱动体育产业高质量发展的理论逻辑、现实困境与实施路径 [J]. 上海体育学院学报, 2021, 45 (7): 22-34, 66.

[165] 尚燕, 颜廷武, 张童朝, 等. 政府行为对农民秸秆资源化利用意愿的影响: 基于"激励"与"约束"双重视角 [J]. 农业现代化研究,

2018, 39 (1)：130-138.

［166］沈费伟. 乡村技术赋能：实现乡村有效治理的策略选择［J］. 南京农业大学学报（社会科学版），2020，20 (2)：1-12.

［167］沈运红，黄桁. 数字经济水平对制造业产业结构优化升级的影响研究：基于浙江省 2008—2017 年面板数据［J］. 科技管理研究，2020，40 (3)：147-154.

［168］盛磊. 数字经济引领产业高质量发展：动力机制、内在逻辑与实施路径［J］. 价格理论与实践，2020 (2)：13-17，34.

［169］石志恒，张衡. 同群效应对农户地膜回收意愿与行为悖离现象的影响研究：基于生态理性的中介作用［J］. 农业技术经济，2022 (8)：97-111.

［170］史清华. 农户经济增长与发展研究［M］. 北京：中国农业出版社，1999.

［171］苏岚岚，孔荣. 互联网使用促进农户创业增益了吗?：基于内生转换回归模型的实证分析［J］. 中国农村经济，2020 (2)：62-80.

［172］苏振锋. 低碳经济 生态经济 循环经济和绿色经济的关系探析［J］. 科技创新与生产力，2010 (6)：19-22.

［173］孙德林，王晓玲. 数字经济的本质与后发优势［J］. 当代财经，2004 (12)：22-23.

［174］孙敬水. 我国生态农业发展研究［J］. 经济问题，2002 (8)：31-33.

［175］孙生阳，胡瑞法，张超. 技术信息来源对水稻农户过量和不足施用农药行为的影响［J］. 世界农业，2021 (8)：97-109.

［176］覃洁贞，吴金艳，庞嘉宜，等. 数字产业化高质量发展的路径研究：以广西南宁市为例［J］. 改革与战略，2020，36 (7)：66-72.

［177］谭永风，陆迁. 风险规避、社会学习对农户现代灌溉技术采纳行为的影响：基于 Heckman 样本选择模型的实证分析［J］. 长江流域资源与环境，2021，30 (1)：234-245.

［178］唐林，罗小锋，黄炎忠，等. 劳动力流动抑制了农户参与村域环境治理吗?：基于湖北省的调查数据［J］. 中国农村经济，2019 (9)：88-103.

［179］唐要家. 数字经济赋能高质量增长的机理与政府政策重点［J］.

社会科学战线, 2020 (10): 61-67.

[180] 唐玉爽. 数字经济背景下中国税收面临的挑战及应对 [J]. 经济研究参考, 2018 (65): 43-45, 61.

[181] 田红宇, 王媛名, 祝志勇. 数字化赋能: 互联网使用对农户信贷的影响及其异质性研究: 基于选择实验方法的检验和分析 [J]. 农业技术经济, 2022 (4): 82-102.

[182] 田路, 郑少锋, 陈如静. 绿色防控技术采纳影响因素及收入效应研究: 基于 792 户菜农调查数据的实证分析 [J]. 中国生态农业学报 (中英文), 2022, 30 (10): 1687-1697.

[183] 田万慧, 陈润羊. 甘肃省农村居民环境意识影响因素分析: 基于年龄、性别、文化水平群体的分析 [J]. 干旱区资源与环境, 2013, 27 (5): 33-39.

[184] 童洪志, 冉建宇. 多重政策影响下农户秸秆机械粉碎还田技术采纳行为仿真分析 [J]. 中国农业资源与区划, 2021, 42 (5): 12-21.

[185] 童锐, 何丽娟, 王永强. 补贴政策、效果认知与农户绿色防控技术采用行为: 基于陕西省苹果主产区的调查 [J]. 科技管理研究, 2020, 40 (19): 124-129.

[186] 王爱民. 劳动力转移、采纳成本与农户新技术采纳 [J]. 农林经济管理学报, 2015, 14 (3): 302-308.

[187] 王常军. 数字经济与新型城镇化融合发展的内在机理与实现要点 [J]. 北京联合大学学报 (人文社会科学版), 2021, 19 (3): 116-124.

[188] 王锋正, 刘向龙, 张蕾, 等. 数字化促进了资源型企业绿色技术创新吗? [J]. 科学学研究, 2022, 40 (2): 332-344.

[189] 王建华, 刘茁, 李俏. 农产品安全风险治理中政府行为选择及其路径优化: 以农产品生产过程中的农药施用为例 [J]. 中国农村经济, 2015 (11): 54-62, 76.

[190] 王奇, 陈海丹, 王会. 农户有机农业技术采用意愿的影响因素分析: 基于北京市和山东省 250 户农户的调查 [J]. 农村经济, 2012 (2): 99-103.

[191] 王如松, 蒋菊生. 从生态农业到生态产业: 论中国农业的生态转型 [J]. 中国农业科技导报, 2001 (5): 7-12.

［192］王若男，韩旭东，崔梦怡，等. 农户绿色生产技术采纳的增收效应：基于质量经济学视角［J］. 农业现代化研究，2021，42（3）：462-473.

［193］王姝楠，陈江生. 数字经济的技术-经济范式［J］. 上海经济研究，2019：80-94.

［194］王伟玲. 加快实施数字政府战略：现实困境与破解路径［J］. 电子政务，2019（12）：86-94.

［195］王卫卫，张应良. 区域品牌赋能：小农户衔接现代农业的有效路径：基于四川省眉山市广济乡的案例调查［J］. 中州学刊，2021（5）：36-43.

［196］王贤梅. 数字技术推动下的有线电视产业可持续发展研究［D］. 南京：东南大学，2018.

［197］王晓波. 打造中国教育的升级版［J］. 中小学信息技术教育，2013（5）：1.

［198］王晓焕，李桦，张罡睿. 生计资本如何影响农户亲环境行为？：基于价值认知的中介效应［J］. 农林经济管理学报，2021，20（5）：610-620.

［199］王晓敏，颜廷武. 技术感知对农户采纳秸秆还田技术自觉性意愿的影响研究［J］. 农业现代化研究，2019，40（6）：964-973.

［200］王兆骞. 中国生态农业与农业可持续发展［M］. 北京：北京出版社，2001：77-95.

［201］魏后凯，刘长全. 中国农村改革的基本脉络、经验与展望［J］. 中国农村经济，2019（2）：2-18.

［202］魏后凯. 中国农业发展的结构性矛盾及其政策转型［J］. 中国农村经济，2017（5）：2-17.

［203］魏平. 农户兼业一定导致低效率么？：基于CLDS数据的实证分析［J］. 商业研究，2020（12）：132-144.

［204］温铁军. 新农村建设中的生态农业与环保农村［J］. 环境保护，2007（1）：25-27.

［205］温忠麟，叶宝娟. 有调节的中介模型检验方法：竞争还是替补？［J］. 心理学报，2014，46（5）：714-726.

［206］温忠麟，叶宝娟. 中介效应分析：方法和模型发展［J］. 心理

科学进展，2014，22（5）：731-745.

[207] 温忠麟．张雷，侯杰泰，等．中介效应检验程序及其应用 [J].心理学报，2004（5）：614-620.

[208] 文传浩，张丹，铁燕．农业面源污染环境效应及其对新农村建设耦合影响分析 [J].贵州社会科学，2008（4）：91-96.

[209] 文浩，张越杰．以数字经济助推农村经济高质量发展 [J].理论探索，2021（3）：93-99.

[210] 翁贞林．粮食主产区农户稻作经营行为与政策扶持机制研究 [D].武汉：华中农业大学，2009.

[211] 翁贞林．农户理论与应用研究进展与述评 [J].农业经济问题，2008（8）：93-100.

[212] 吴贤荣，李晓玲，左巧丽．社会网络对农户农机节能减排技术采纳意愿的影响：基于价值认知的中介效应 [J].世界农业，2020（11）：54-64.

[213] 吴湘玲．新经济背景下加快数字经济发展的思考：以 C 市为例 [J].人民论坛·学术前沿，2020：1-7.

[214] 吴雪莲，张俊飚，丰军辉．农户绿色农业技术认知影响因素及其层级结构分解：基于 Probit-ISM 模型 [J].华中农业大学学报（社会科学版），2017（5）：36-45，145.

[215] 吴雪莲．农户绿色农业技术采纳行为及政策激励研究 [D].武汉：华中农业大学，2016.

[216] 武晓婷，张恪渝．数字经济产业与制造业融合测度：基于投入产出视角 [J].中国流通经济，2021，35（11）：89-98.

[217] 西奥多·W.舒尔茨．改造传统农业 [M].北京：商务印书馆，1987.

[218] 西蒙．现代决策理论的基石 [M].北京：北京经济学院出版社，1989：6-43.

[219] 夏杰长，刘诚．数字经济赋能共同富裕：作用路径与政策设计 [J].经济与管理研究，2021，42（9）：3-13.

[220] 夏显力，陈哲，张慧利，赵敏娟．农业高质量发展：数字赋能与实现路径 [J].中国农村经济，2019（12）：2-15.

[221] 夏炎，王会娟，张凤，郭剑锋．数字经济对中国经济增长和非

农就业影响研究——基于投入占用产出模型 [J]. 中国科学院院刊, 2018, 33: 707-716.

[222] 向平, 唐江云, 李晓, 等. 四川水稻种业核心竞争力分析及发展对策 [J]. 杂交水稻, 2011, 26 (2): 7-10, 74.

[223] 项朝阳, 纪楠楠. 社会资本对农户化肥农药减量技术采纳意愿的影响: 基于学习能力的中介和生态认知的调节 [J]. 中国农业大学学报, 2021, 26 (2): 150-163.

[224] 肖新成, 倪九派. 农户清洁生产技术采纳行为及影响因素的实证分析: 基于涪陵区农户的调查 [J]. 西南师范大学学报 (自然科学版), 2016, 41 (7): 151-158.

[225] 肖旭, 戚聿东. 产业数字化转型的价值维度与理论逻辑 [J]. 改革, 2019 (8): 61-70.

[226] 谢绚丽, 沈艳, 张皓星, 郭峰. 数字金融能促进创业吗?: 来自中国的证据 [J]. 经济学 (季刊), 2018, 17 (4): 1557-1580.

[227] 熊鹰, 何鹏. 绿色防控技术采纳行为的影响因素和生产绩效研究: 基于四川省水稻种植户调查数据的实证分析 [J]. 中国生态农业学报 (中英文), 2020, 28 (1): 136-146.

[228] 徐红星, 郑许松, 田俊策, 赖凤香, 何佳春, 吕仲贤. 我国水稻害虫绿色防控技术的研究进展与应用现状 [J]. 植物保护学报, 2017, 44 (6): 925-939.

[229] 徐梦周, 吕铁. 赋能数字经济发展的数字政府建设: 内在逻辑与创新路径 [J]. 学习与探索, 2020 (3): 78-85, 175.

[230] 徐维祥, 周建平, 周梦瑶, 郑金辉, 刘程军. 数字经济空间联系演化与赋能城镇化高质量发展 [J]. 经济问题探索, 2021 (10): 141-151.

[231] 徐志刚, 张骏逸, 吕开宇. 经营规模、地权期限与跨期农业技术采用: 以秸秆直接还田为例 [J]. 中国农村经济, 2018 (3): 61-74.

[232] 许庆红. 数字不平等: 社会阶层与互联网使用研究综述 [J]. 高校图书馆工作, 2017, 37 (3): 27-31.

[233] 许宪春, 张美慧. 中国数字经济规模测算研究: 基于国际比较的视角 [J]. 中国工业经济, 2020 (5): 23-41.

[234] 薛洁, 胡苏婷. 中国数字经济内部耦合协调机制及其水平研究

[J]. 调研世界, 2020 (9): 11-18.

[235] 薛蕾. 农业产业集聚对农业绿色发展的影响研究 [D]. 成都:
西南财经大学, 2019.

[236] 闫阿倩, 罗小锋, 黄炎忠, 等. 基于老龄化背景下的绿色生产
技术推广研究: 以生物农药与测土配方肥为例 [J]. 中国农业资源与区划,
2021, 42 (3): 110-118.

[237] 闫迪, 郑少锋. 互联网使用能提高农户生产效率吗?: 以陕冀
鲁三省蔬菜种植户为例 [J]. 南京农业大学学报 (社会科学版), 2021,
21 (1): 155-166.

[238] 闫迪, 郑少锋. 现代通讯技术使用对农户要素投入的影响: 基
于山东省寿光蔬菜种植户的分析 [J]. 西北农林科技大学学报 (社会科学
版), 2021, 21 (3): 137-148.

[239] 颜华, 张琪. 农民合作社再联合提升了经济绩效吗?: 基于黑
龙江 332 家种植类农民合作社的调研 [J]. 农林经济管理学报, 2023, 22
(1): 65-74.

[240] 颜廷武, 何可, 崔蜜蜜, 等. 农民对作物秸秆资源化利用的福
利响应分析: 以湖北省为例 [J]. 农业技术经济, 2016 (4): 28-40.

[241] 颜廷武, 张童朝, 何可, 等. 作物秸秆还田利用的农民决策行
为研究: 基于皖鲁等七省的调查 [J]. 农业经济问题, 2017, 38 (4):
39-48, 110-111.

[242] 杨彩艳, 齐振宏, 黄炜虹, 等. 效益认知对农户绿色生产技术
采纳行为的影响: 基于不同生产环节的异质性分析 [J]. 长江流域资源与
环境, 2021, 30 (2): 448-458.

[243] 杨东. 后疫情时代数字经济理论和规制体系的重构: 以竞争法
为核心 [J]. 人民论坛·学术前沿, 2020 (17): 48-57.

[244] 杨芳, 王晓辉. 数字赋能农村公共文化服务供需契合作用机理
研究: 基于扎根理论的质性研究 [J]. 图书与情报, 2021 (1): 62-69.

[245] 杨虎涛. 数字经济的增长效能与中国经济高质量发展研究 [J].
中国特色社会主义研究, 2020 (3): 21-32.

[246] 杨俊中. 中国古代农业生态保护思想探析 [J]. 安徽农业科学,
2008 (19): 8385-8388.

[247] 杨柠泽. 互联网嵌入对农户生计抉择影响及其收入效应研究

［D］. 沈阳农业大学，2020.

［248］杨嵘均，操远芃. 论乡村数字赋能与数字鸿沟间的张力及其消解［J］. 南京农业大学学报（社会科学版），2021，21（5）：31-40.

［249］杨新铭. 数字经济：传统经济深度转型的经济学逻辑［J］. 深圳大学学报（人文社会科学版），2017，34（4）：101-104.

［250］杨兴杰，齐振宏，陈雪婷，等. 政府培训、技术认知与农户生态农业技术采纳行为：以稻虾共养技术为例［J］. 中国农业资源与区划，2021，42（5）：198-208.

［251］杨兴杰，齐振宏，杨彩艳，等. 市场与政府一定能促进农户采纳生态农业技术吗：以农户采纳稻虾共作技术为例［J］. 长江流域资源与环境，2021，30（4）：1016-1026.

［252］杨志海. 老龄化、社会网络与农户绿色生产技术采纳行为：来自长江流域六省农户数据的验证［J］. 中国农村观察，2018（4）：44-58.

［253］姚文. 家庭资源禀赋、创业能力与环境友好型技术采用意愿：基于家庭农场视角［J］. 经济经纬，2016，33（1）：36-41.

［254］叶敬忠，张明皓. "小农户"与"小农"之辩：基于"小农户"的生产力振兴和"小农"的生产关系振兴［J］. 南京农业大学学报（社会科学版），2019，19（1）：1-12，163.

［255］叶谦吉. 生态农业：农业的未来［M］. 重庆：重庆出版社，1988：1-8

［256］易加斌，李霄，杨小平，等. 创新生态系统理论视角下的农业数字化转型：驱动因素、战略框架与实施路径［J］. 农业经济问题，2021（7）：101-116.

［257］殷浩栋，霍鹏，汪三贵. 农业农村数字化转型：现实表征、影响机理与推进策略［J］. 改革，2020（12）：48-56.

［258］尤小文. 农户：一个概念的探讨［J］. 中国农村观察，1999（5）：17-20.

［259］于法稳. 新时代农业绿色发展动因、核心及对策研究［J］. 中国农村经济，2018（5）：19-34.

［260］于伟咏，漆雁斌，何悦，等. 水稻灌溉用水效率和要素禀赋对化肥面源污染的影响：基于分位数回归的分析［J］. 农业环境科学学报，2017，36（7）：1274-1284.

[261] 余菲菲，杜红艳，曹佳玉. 数字技术赋能企业扶贫创新路径探究 [J]. 中国科技论坛，2021 (9)：126-133，142.

[262] 余威震，罗小锋. 要素市场化对稻农测土配方施肥技术采纳行为的影响：基于资源禀赋异质性视角下的实证研究 [J]. 长江流域资源与环境，2022，31 (6)：1272-1281.

[263] 余欣荣. 科学认识和推进农业绿色发展 [N]. 粮油市场报，2021-01-26 (B03).

[264] 苑甜甜，宗义湘，王俊芹. 农户有机质改土技术采纳行为：外部激励与内生驱动 [J]. 农业技术经济，2021 (8)：92-104.

[265] 张春飞，范昕. 大力发展数字经济加快建设数字中国 [J]. 信息通信技术与政策，2019 (02)：70-73.

[266] 张丰翼，颜廷武，等. 社会互动对农户绿色技术采纳行为的影响：基于湖北省1004份农户调查数据的分析 [J]. 生态与农村环境学报，2022，38 (1)：43-51.

[267] 张复宏，宋晓丽，霍明. 果农对过量施肥的认知与测土配方施肥技术采纳行为的影响因素分析：基于山东省9个县（区、市）苹果种植户的调查 [J]. 中国农村观察，2017 (3)：117-130.

[268] 张国胜，杜鹏飞，陈明明. 数字赋能与企业技术创新：来自中国制造业的经验证据 [J]. 当代经济科学，2021，43 (6)：65-76.

[269] 张国胜，吴晶. 数字赋能下高学历为什么带来了更高的工资溢价：基于 CFPS 数据的实证研究 [J]. 劳动经济研究，2021，9 (3)：27-46.

[270] 张红丽，李洁艳，史丹丹. 环境规制、生态认知对农户有机肥采纳行为影响研究 [J]. 中国农业资源与区划，2021，42 (11)：42-50.

[271] 张红丽，李洁艳，滕慧奇. 小农户认知、外部环境与绿色农业技术采纳行为：以有机肥为例 [J]. 干旱区资源与环境，2020，34 (6)：8-13.

[272] 张辉，石琳. 数字经济：新时代的新动力 [J]. 北京交通大学学报（社会科学版），2019，18 (2)：10-22.

[273] 张嘉琪，颜廷武，江鑫. 价值感知、环境责任意识与农户秸秆资源化利用：基于拓展技术接受模型的多群组分析 [J]. 中国农业资源与区划，2021，42 (4)：99-107.

[274] 张京京，刘同山.互联网使用让农村居民更幸福吗?：来自 CFPS2018 的证据 [J].东岳论丛，2020，41（9）：172-179.

[275] 张景娜，张雪凯.互联网使用对农地转出决策的影响及机制研究：来自 CFPS 的微观证据 [J].中国农村经济，2020（3）：57-77.

[276] 张康洁，尹昌斌，CHIEN Hsiaoping.预期感知、社会学习与稻农绿色生产行为：基于安徽、湖北 867 户农户调查数据 [J].农林经济管理学报，2021，20（1）：29-41.

[277] 张康洁.产业组织模式视角下稻农绿色生产行为研究 [D].北京：中国农业科学院，2021.

[278] 张露，杨高第，李红莉.小农户融入农业绿色发展：外包服务的考察 [J].华中农业大学学报（社会科学版），2022（4）：53-61.

[279] 张亮亮，刘小凤，陈志.中国数字经济发展的战略思考 [J].现代管理科学，2018（05）：88-90.

[280] 张鹏.数字经济的本质及其发展逻辑 [J].经济学家，2019（2）：25-33.

[281] 张童朝，颜廷武，仇童伟.年龄对农民跨期绿色农业技术采纳的影响 [J].资源科学，2020，42（6）：1123-1134.

[282] 张童朝，颜廷武，何可，张俊飚.利他倾向、有限理性与农民绿色农业技术采纳行为 [J].西北农林科技大学学报（社会科学版），2019，19（5）：115-124.

[283] 张樨樨，董瑶，易涛.数字经济、区域软环境与技术转移网络的形成 [J].科研管理，2022，43（7）：124-134.

[284] 张晓.数字经济发展的逻辑：一个系统性分析框架 [J].电子政务，2018（6）：2-10.

[285] 张晓.数字经济发展的六大趋势 [J].汕头大学学报（人文社会科学版），2017，33（7）：15-18.

[286] 张晓慧，李天驹，陆爽.电商参与、技术认知对农户绿色生产技术采纳程度的影响 [J].西北农林科技大学学报（社会科学版），2022，22（6）：100-109.

[287] 张雪玲，吴恬恬.中国省域数字经济发展空间分化格局研究 [J].调研世界，2019（10）：34-40.

[288] 张祎彤，苏柳方，冯晓龙，等.成本收益视角下的秸秆还田效

益分析 [J]. 中国人口·资源与环境, 2022, 32 (3): 169-176.

[289] 张永恒, 王家庭. 数字经济发展是否降低了中国要素错配水平?[J]. 统计与信息论坛, 2020, 35 (9): 62-71.

[290] 张蕴萍, 董超, 栾菁. 数字经济推动经济高质量发展的作用机制研究: 基于省级面板数据的证据 [J]. 济南大学学报 (社会科学版), 2021, 31 (5): 99-115, 175.

[291] 赵桂慎, 等. 生态经济学 [M]. 北京: 化学工业出版社, 2009: 57.

[292] 赵连阁, 蔡书凯. 晚稻种植农户 IPM 技术采纳的农药成本节约和粮食增产效果分析 [J]. 中国农村经济, 2013 (5): 78-87.

[293] 赵秀梅, 张树权, 曲忠诚. 4 种亚洲玉米螟绿色防控技术田间防效及效益比较 [J]. 中国生物防治学报, 2014, 30 (5): 685-689.

[294] 周建华, 杨海余, 贺正楚. 资源节约型与环境友好型技术的农户采纳限定因素分析 [J]. 中国农村观察, 2012 (2): 37-43.

[295] 周瑜. 数字技术影响公共服务的经济学机理与实现路径研究 [D]. 北京: 中国社会科学院研究生院, 2020.

[296] 朱淀, 张秀玲, 牛亮云. 蔬菜种植农户施用生物农药意愿研究 [J]. 中国人口·资源与环境, 2014, 24 (4): 64-70.

[297] 朱红根, 解春艳, 康兰媛. 新一轮农地确权: 福利效应、差异测度与影响因素 [J]. 农业经济问题, 2019 (10): 100-110.

[298] 朱俊峰, 邓远远. 农业生产绿色转型: 生成逻辑、困境与可行路径 [J]. 经济体制改革, 2022 (3): 84-89.

[299] 朱婷, 夏英. 农业数字化背景下小农户嵌入农产品电商供应链研究 [J]. 现代经济探讨, 2022 (8): 115-123.

[300] 朱晓雨, 石淑芹, 石英. 农户行为对耕地质量与粮食生产影响的研究进展 [J]. 中国人口·资源与环境, 2014, 24 (S3): 304-309.

[301] 朱月季, 周德翼, 游良志. 非洲农户资源禀赋、内在感知对技术采纳的影响: 基于埃塞俄比亚奥罗米亚州的农户调查 [J]. 资源科学, 2015, 37 (8): 1629-1638.

[302] 祝仲坤, 冷晨昕. 互联网使用对居民幸福感的影响: 来自 CSS2013 的经验证据 [J]. 经济评论, 2018 (1): 78-90.

[303] 邹杰玲, 董政祎, 王玉斌. "同途殊归": 劳动力外出务工对农

户采用可持续农业技术的影响［J］．中国农村经济，2018（8）：83-98.

［304］ACHTNICHT M. German car buyers' willingness to pay to reduce CO_2 emissions［J］．Climatic change，2012，113（3）：679-697.

［305］ADAMI A C O，MIRANDA S H G，DELALIBERA JR Ì．Determinants of the adoption of biological control of the Diaphorina citri by citrus growers in São Paulo State，Brazil［J］．International Food and Agribusiness Management Review，2018，22（1030-2019-1643）：351-364.

［306］AFONASOVA M A，PANFILOVA E E，GALICHKINA M A，et al．Digitalization in Economy and Innovation：The Effect on Social and Economic Processes［J］．Polish Journal of Management Studies．2019，19（2）：22-32.

［307］AKAEV A A，SADOVNICHII V A．On the choice of mathematical models for describing the dynamics of digital economy［J］．Differential Equations，2019，55：729-738.

［308］AKER J C，GHOSH I，BURRELL J．The promise（and pitfalls）of ICT for agriculture initiatives．Agricultural Economics，2016，47（S1）：35-48.

［309］ALLAIS M．Le Comportement de l'homme Rationnel Devant le Risque：Critique des Postulats et Axiomes de l'ecole Americaine［J］．Econometrica，1953，21（21）：503-546.

［310］AMUSO V，POLETTI G，MONTIBELLO D．The digital economy：opportunities and challenges［J］．Global Policy，2020，11（1）：124-127.

［311］ANDERSON J B，JOLLY D A，GREEN R．Determinants of farmer adoption of organic productionmethods in the fresh-market produce sector in California：alogistic regression analysis［J］．Western Agricultural Economics Association Annual Meeting，2005.

［312］ATANU S，LOVE H A，SCHWART R．Adoption of emerging technologies under output uncertainty［J］．American Journal of Agricultural Economics，1994，76（4）：836-846.

［313］BAGHERI A，EMAMI N，DAMALAS C A．Farmers' behavior in reading and using risk information displayed on pesticide labels：a test with the theory of planned behavior［J］．Pest Management Science，2021，77（6）：2903-2913.

［314］BAOURAKIS G，KOURGIANTAKIS M，MIGDALAS A．The impact

of e-commerce on agro-food marketing: The case of agricultural cooperatives, firms and consumers in Crete [J]. British food journal, 2002, 104 (8): 580-590.

[315] BARNOW B, CAIN G, GOLDBERG A. Selection on observables [J]. Evaluation Studies, 1981, 5 (1): 43-59.

[316] BARON R M, KENNY D A. The moderator-mediator variable distinction in social psychological research: Conceptual, strategic, and statistical considerations [J]. Journal of personality and social psychology, 1986, 51 (6): 1173.

[317] BASS F M. A new product growth model for consumer durables [J]. Management Science, 1969, 15 (1): 215-227.

[318] BEHERA K K. Green Agriculture: Newer Technologies [M]. Nipa: New India Publishing Agency, 2012.

[319] BEN YOUSSEF A, BOUBAKER S, DEDAJ B, et al. Digitalization of the economy and entrepreneurship intention [J]. Technological Forecasting and Social Change. 2020: 120043.

[320] BENTON FOUNDATION. Losing Ground Bit by Bit: Low-Income Communities in the Information Age. Washington, D. C. 1998.

[321] BHARADWAJ A, SAWY O AE, PAVLOU P A, et al. Digital business strategy: Toward a next generation of insights [J]. MIS Quarterly, 2013, 37 (2): 471-482.

[322] BOCCIA F, LEONARDI R. The Challenge of the Digital Economy: Markets, Taxation and Appropriate Economic Models [M]. Cham: Springer International Publishing, 2016.

[323] BOUGHERARA D, GASSMANN X, PIET L, et al. Structural estimation of farmers' risk and ambiguity p A field experiment [J]. European Review of Agricultural Economics, 2017: 1-27.

[324] BOULDING K E. The economics of the coming spaceship earth [C] Resources for the Future Forum on Environmental Quality in A Growing Economy. 1966: 947-957.

[325] BOURDIERA P. The forms of social capital [M]. In: Richardson J eds. Handbook of Theory and Research for theSociology of Education. New York:

Greenwood Press, 1986: 241-258.

[326] BUEHREN N, GOLDSTEIN M, MOLINA E, et al. The impact of strengthening agricultural extension services on women farmers: Evidence from E-thiopia [J]. Agricultural Economics, 2019, 50 (4): 407-419.

[327] BURTON M, RIGBY D, YOUNG T. Analysis of the determinants of adoption of organic horticultural techniques in the UK [J]. Journal of Agricultural Economics, 1999, 50 (1): 47-63.

[328] CARMEN L M, PAN S L, RACTHAM P, et al. lct-Enabled Community Empowerment in Crisis Response: Social Media in Thailand Flooding 2011 [J] Journal of the Association for Information Systems, 2015, 16 (3): 174-212.

[329] CHARMAZ K. Constructing Grounded Theory [M]. Thousand Oaks: Sage Publications, 2006.

[330] CHEN Y, LI Y, LI C. Electronic agriculture, blockchain and digital agricultural democratization: Origin, theory and application [J]. Journal of Cleaner Production. 2020, 268: 122071.

[331] CHEN Y. Improving market performance in the digital economy [J]. China Economic Review. 2020, 62: 101482.

[332] CIALDINI R B, TROST M R. Social Influence: Social Norms, Conformity and Compliance [J]. New ldeas in Psychology, 1998, 13 (2): 151-192.

[333] CICCONE A, HALL R E. Productivity and the Density of Economic Activity [J]. American Economic Review. 1996, 86 (1): 54-70.

[334] COCHRANE B W W. Farm prices, myth and reality [J]. Southern economic journal, 1958, 71 (1): 128-130.

[335] CONSTANTINE K L, KANSIIME M K, MUGAMBI I, et al. Why don't smallholder farmers in Kenya use more biopesticides? [J]. Pest management science, 2020, 76 (11): 3615-3625.

[336] DAVIS F D, VENKATESH V. A critical assessment of potential measurement biases in the technology acceptance model: three experiments [J]. International journal of human-computer studies, 1996, 45 (1): 19-45.

[337] DAVIS F D. Perceived usefulness, perceived ease of use, and user

acceptance of information technology [J]. MIS quarterly, 1989: 319-340.

[338] DAVIS F D, BAGOZZl R P, WARSHAW P R. User Acceptance of Computer Technology. A Comparison of Two Theoretical Models [J] Management Science, 1989, 35 (8): 982-1003.

[339] DENG X, XU D, ZENG M, et al. Does Internet use help reduce rural cropland abandonment? Evidence from China [J]. Land use policy, 2019, 89: 104243.

[340] EHEAZU C L, EZEALA J l. Environmental adult education for mitigating the impacts of climate change on crop production and fish farming in rivers state of Nigeria [J]. Journal of Education and Practice, 2017, 8 (3): 98-107.

[341] ELLSBERG D. Risk, Ambiguity, and the Savage Axioms [J]. Quarterly Journal of Economics, 1961, 75 (4) : 643-669.

[342] FERNANDEZ C J. The microeconomic impact of IPM adoption: theory and application [J]. Agricultural and Resource Economics Review, 1996 (2): 149-160.

[343] FISHER R. A gentleman's handshake: The role of social capital and trust in transforming into usable knowledge [J]. Journal of Rural Studies, 2013, 31: 13-22.

[344] GEBREMARIAM G, TESFAYE W. The heterogeneous effect of shocks on agricultural innovations adoption: Microeconometric evidence from rural Ethiopia [J]. Food Policy, 2018 (74): 154-161.

[345] GHADIYALI T R, KAYASTH M M. Contribution of green technology in sustainable development of agriculture sector [J]. Journal of Environmental Research & Development, 2012 (7): 590-596.

[346] GIGERENZER G, TODD P. Simple heuristics that make us smart [M]. Oxford: Oxford University, 2001.

[347] GLASER B G, STRAUSS A L. The Discovery of Grounded Theory: Strategies for Qualitative Research [M]. New Brunswick Aldine Transaction, 1967.

[348] Goldfarb A, Tucker C. Digital Economics [J]. Journal of Economic Literature. 2019, 57 (1): 3-43.

［349］GOPALB TKANKOPORN. Adoption and extent of organic vegetable farming in Mahasarakham Province Thailand［J］. Applied Geography. 2011，31（1）：201-209.

［350］GOYAL M，NETESSINE S. Strategic technology choice and capacity investment under demand uncertainty［J］. Management Science，2007，53（2）：192-207.

［351］GRANOVETTER M. Getting a job：a study of contacts and careers［M］. Ind. ed. Chicogo：The University ofChicago Press，1995.

［352］GUO H，SUN F，PAN C，et al. The deviation of the behaviors of rice farmers from their stated willingness to apply biopesticides—A study carried out in Jilin Province of China［J］. International Journal of Environmental Research and Public Health，2021，18（11）：6026.

［353］HENRY D，COOKE S，MONTES S. The Emerging Digital Economy［R/OL］. 1998. http：//www.esa.doc.gov/sites/default/files/emergingdig_0.pdf.

［354］HERMANSSONE，MARTENSSON L. Empowerment in the midwifery context—a concept analysis［J］. Midwifery，2011，27（6）：811-816.

［355］IGBARIA M，ZINATELLI N，CRAGG P，et al. Personal computing acceptance factors in small firm：A structural equation model［J］. MIS Quarterly，1997，3：279-302.

［356］JACQUES R. Manufacturing the Employee Management Knowledge tom the 9th to the 21st Centuries［M］. London：Sage Publications，1995.

［357］KARANASIOS S，SLAVOVA M. Understanding the impacts of Mobile technology on smallholder agriculture［M］. Digital technologies for agricultural and rural development in the global south. Wallingford UK：CAB International，2018：111-122.

［358］KENNETH W T，BETTY A V. Cognitive Elements of Empowerment：An "Interpretive" Model of Intrinsic Task Motivation［J］. The Academy of Management Review，1990，15（4）：666-681.

［359］KIM M J，HALL C M. What drives visitor economy crowdfunding? The effect of digital storytelling on unified theory of acceptance and use of technology［J］. Tourism Management Perspectives. 2020，34：100638.

[360] KOENKER R. BASSETT. Quantile Regression [J]. Econometrica, 1978 (46): 33-50.

[361] LEE D Y, LEHTO M R. User acceptance of YouTube for procedural learning: An extension of the Technology Acceptance Model [J]. Computers & Education, 2013, 61: 193-208.

[362] LENKA S, PARIDA V, WINCENT J. Digitalization capabilities as enablers of value co-creation in servitizing firms [J]. Psychology & Marketing, 2017, 34 (1): 92-100.

[363] LEONG C M L, PAN S L, RACTHAM P, et al. ICT-enabled community empowerment in crisis response: Social media in Thailand flooding 2011 [J]. Journal of the Association for Information Systems, 2015, 16 (3): 1.

[364] LOKSHIN M, SAJAIA Z. Maximum likelihood estimation of endogenous switching regression models [J]. The Stata Journal, 2004, 4 (3): 282-289.

[365] MADDALA G S. Limited-dependent and qualitative variables in econometrics [M]. Cambridge university press, 1983.

[366] MARKUS M L, STEINFIELD C W, WIGAND R T, et al. Industry-wide is standardization as collective action: The case of the US residential mortgage industry [J]. MIS Quarterly, 2005, 30 (1): 439-465.

[367] MARSHALL A, DEZUANNI M, BURGESS J, et al. Australian farmers left behind in the digital economy - Insights from the Australian Digital Inclusion Index [J]. Journal of Rural Studies. 2020, 80: 195-210.

[368] MARTEY E, ETWIRE P M, ABDOULAYE T. Welfare impacts of climate-smart agriculture in Ghana: Does row planting and drought-tolerant maize varieties matter? [J]. Land Use Policy, 2020, 95: 104622.

[369] MASLOW A H. A theory of human motivation [J]. Psychological Review, 1943, 50 (4): 30-37.

[370] MATSUMURA Y, MINOWA T, YAMAMOTO H. Amount, availability, and potential use of rice straw (agriculturalresidue) biomass as an energy resource in Japan [J]. Biomass&Bioenergy, 2005, 29 (5): 347-354.

[371] MCCHRYSTAL G S, COLLINS T, SILVERMAN D. Team of Teams: New Rules of Engagement for a Complex World [M]. Penguin, 2015.

［372］MESENBOURG T L. Measuring Electronic Business ［R］. Washington, DC: US Bureau of the Census, 2001.

［373］MISAKI E, APIOLA M, GAIANI S, et al. Challenges facing sub-Saharan small-scale farmers in accessing farming information through mobile phones: A systematic literature review ［J］. The Electronic Journal of Information Systems in Developing Countries, 2018, 84 (4): e12034.

［374］NAMBISAN S, LYYTINEN K, MAJCHRZAK A, et al. Digital innovation management ［J］. MIS quarterly, 2017, 41 (1): 223-238.

［375］NEGROPONTE N. Being Digital ［M］. New York: Knopf, 1996.

［376］NORDLUND A M, GARVILL J. Value structures behind pro-environmental behavior ［J］. Environment and behavior, 2002, 34 (6): 740-756.

［377］PERKINS D D, ZIMMERMAN M A. Empowerment theory, research, and application ［J］. American journal of community psychology, 1995, 23 (5): 569-579.

［378］POPKOVA E G, SERGI B S. A digital economy to develop policy related to transport and logistics. Predictive lessons from Russia ［J］. Land Use Policy, 2020, 99: 105083.

［379］PUTNAM R D. Making Democracy Work: Civic Traditions in Modern ltaly ［M］. Princeton: Princeton University Press, 1993.

［380］ROBISON L J. An appraisal of expected utility hypothesis tests constructed from responses to hypothetical questions and experimental choices ［J］. American Journal of Agricultural Economics, 1982, 64 (2): 367-375.

［381］ROGERS E M, HAVENS A E. Predicting innovativeness ［J］. Sociological lnquiry. 1962. 32 (1): 34-42.

［382］ROGERS E M. A diffusion of innovations ［M］. New York: Free Press. 1995.

［383］ROSEN S. Hedonic prices and implicit markets: Product differentiation in pure competition ［J］. Journal of Political Economy, 1974, 82 (1): 34-55.

［384］SCHULTZ T W. The value of ability to deal with disequilibria ［J］. Journal of Economic Literature, 1975, 13 (3): 827-846.

［385］SCHULTZ T. Transforming Traditional Agriculture ［M］. Yale University Press, 1964.

[386] SCOTT, JAMES C. The Moral Economy of the Peasant: Rebellion and Subsistence in Southeast Asia [M]. Yale University Press, 1976.

[387] SIMON H A. Rational choice and the structure of the environment [J]. Psychological review, 1956, 63 (2): 129-138.

[388] SOREBO O, EIKEBROKK T R. Explaining is continuance in environments where usage is mandatory [J]. Computer in Human Behavior, 2008, 5: 2357-2371.

[389] SOUL-KIFOULY G, MIDINGOYI K M, MURIITHI B, et al. Do farmers and the environment benefit from adopting integrated pest management practices? Evidence from Kenya [J]. Journal of agricultural economics, 2019, 70 (2): 452-470.

[390] SPREITZER G M, DONESON D. Musings on the past and future of employee empowerment [J]. Handbook of organizational development, 2005, 4: 5-10.

[391] SRINIVASAN R, SEVGAN S, EKESI S, et al. Biopesticide based sustainable pest management for safer production of vegetable legumes and brassicas in Asia and Africa [J]. Pest management science, 2019, 75 (9): 2446-2454.

[392] STRAUSS A, CORBIN J M. Basics of Qualitative Research: Grounded Theory Procedures and Techniques [M]. Thousand Oaks: Sage Publications, 1990.

[393] STRAUSS A, CORBIN J M. Grounded Theory in Practice [M]. Thousand Oaks: Sage Publications, 1997.

[394] STROVER S. Rural internet connectivity [J]. Telecommunications policy, 2001, 25 (5): 331-347.

[395] TAPSCOTT D. The digital economy: promise and peril in the age of networked intelligence [M]. McGraw-Hill New York, 1996.

[396] THOMAS K W, VELTHOUSE B A. Cognitive elements of empowerment: An "interpretive" model of intrinsic task motivation [J]. Academy of management review, 1990, 15 (4): 666-681.

[397] TURINA A. The progressive policy shift in the debate on the interna-

tional tax challenges of the digital economy: A "Pretext" for overhaul of the international tax regime? [J]. Computer Law & Security Review. 2020, 36: 105382.

[398] TVERSKY A, KAHNEMAN D. The framing of decisions and the psychology of choice [J]. Science, 1981, 211 (4481): 453.

[399] WATANABE C, TOU Y, NEITTAANMÄKI P. A new paradox of the digital economy – Structural sources of the limitation of GDP statistics [J]. Technology in Society. 2018, 55: 9-23.

[400] WHITACRE B, GALLARDO R, STROVER S. Broadband's contribution to economic growth in rural areas: Moving towards a causal relationship [J]. Telecommunications Policy, 2014, 38 (11): 1011-1023.

[401] WHITE, HARRISON C. Where do Markets Come from [J]. American Journal of Sociology, 1981 (87): 517-547.

[402] WILKINSON A. Empowerment: theory and practice [J]. Personnel review, 1998, 27 (1): 40-56.

[403] WILLIAMS M D, DWIVEDI Y K, LAL B, et al. Contemporary trends and issues in IT adoption and diffusion research [J]. Journal of Information Technology, 2009, 24 (1): 1-10.

[404] WILY D K, HOLM–MILLR K. Social lnfluence and Collective Action Effects on Farm Level Soil conservation Effortin Rural Kenya [J]. Ecological Economics. 2013, 90 (3): 94-103.

[405] WOOLDRIDGE J M. Control function methods in applied econometrics [J]. Journal of Human Resources, 2015, 50 (2): 420-445.

[406] YOO Y. Computing in everyday life: A call for research on experiential computing [J]. MIS Quarterly, 2010. 213-231.

[407] YU L, ZHAO D, XUE Z, et al. Research on the use of digital finance and the adoption of green control techniques by family farms in China [J]. Technology in Society, 2020, 62: 101323.

[408] ZHAO X, LYNCH JR J G, CHEN Q. Reconsidering Baron and Kenny: Myths and truths about mediation analysis [J]. Journal of consumer research, 2010, 37 (2): 197-206.

附表 数字技术赋能农户绿色技术采纳研究的开放式编码

受访者原始访谈内容示例	概念归属	受访者原始访谈内容示例	概念归属
我是村支书，对手机电脑等网络技术和农业绿色技术比较了解	A1 干部经历	通过网上卖出一部分绿色稻米	A36 线上销售绿色稻米
我也是党员，政府的绿色政策要带头执行	A2 政治身份	偶尔通过手机去查一些农业信息，需要的时候就搜一下	A37 线上信息查询
现在线上方便了，不像以前，要每家每户挨个通知	A3 线上消息传递	像我们做绿色生产的，手机信息对我们尤其重要，我们很多信息需要去网上了解	A38 线上信息了解
年轻点的农户一般都比较会上网，我们直接在微信群通知大家开会的时间地点	A4 农户年龄	绿色生产还有个好处就是可以节省点劳动力，我还可以抽空出去打点零工	A39 节约人工成本
有时会通过线上邀请其他地区的专家进行线上讲解技术	A5 线上技术培训	而且现在的劳动力成本也高，请不起人	A40 劳动力成本高
也会网上搜一下比较好的学习宣传视频给大家看	A6 线上视频学习	绿色耕种技术有利于保持土地，水稻产量稳定一些，还可能增加一些产量	A41 稳产增产
看到附近的土地抛荒了，我就通过微信或者打电话联系这家农户，跟他商量我来种他的地	A7 线上租赁土地	没有绿色农产品的销售渠道，种出来的水稻价格不高	A42 缺乏销售渠道
现在都捡了几十亩抛荒地来种了，都不要租金	A8 降低土地租赁成本	我在微信上了解到周围有一个搞绿色生产的，他价格卖的比较贵，主要是开了个网店在网上卖	A43 线上了解其他农户的水稻生产
平常经常组织技术培训，我本身对绿色生产技术就比较熟悉，所以很少用化肥农药	A9 绿色技术熟悉度	吃的东西还是要注重安全，影响身体健康	A44 重视食品安全
加了一个农业合作社的群，地平坦点的就可以在里边请合作社的大机器来耕种和收割，效率比较高	A10 线上租赁机器	网上买过一些种子和农药化肥，价格是要稍微便宜一点点	A45 线上购买农资

表(续)

受访者原始访谈内容示例	概念归属	受访者原始访谈内容示例	概念归属
政府给我们安装了灭虫灯	A11 物理防控技术	我好几年没打农药了,主要自己吃,然后卖给亲戚朋友,吃个放心	A46 家人朋友绿色农产品需求
我看网上的灭虫灯宣传视频,感觉效果还不错,可以减少农药使用	A12 物理防控少施药	绿色生产出来的大米品质好得多,价格当然也贵点	A47 提升产品价格
我们用了四成左右的农家肥	A13 使用农家肥	我看网上说秸秆还田可以增加土壤肥力,避免土壤板结	A48 秸秆还田保护土壤
看到网上专家说农家肥效果好而且没得污染	A14 农家肥污染小	我们几个关系好点的种植户建了个群,经常在里边分享一些种植经验,大家相互学习相互帮忙嘛	A49 稻农间线上互助
稻草在收割的时候机器就打烂还田了	A15 秸秆粉碎还田	我们村现在的环境很好,非常宜居,大家现在对环境也比较重视	A50 村庄环境宜居
政府宣传说秸秆还田可以少施肥,大家还是愿意接受	A16 秸秆还田可以少施肥	我们经常上网的就晓得,粮食安全问题非常重要,绿色生产出来的对身体好嘛	A51 绿色生产有利于身体健康
政府经常在村里的微信群宣传保护环境,不准烧秸秆这些	A17 线上宣传政策	绿色生产有利于稳定粮食产量,保障粮食品质,确保粮食安全	A52 绿色生产保障粮食安全
农膜比较便宜,一年一换,用了就扔村里垃圾桶了,不敢乱扔,污染环境	A18 农膜回收处理	农药化肥少用点田里的生态也好得多,鱼虾都要多点	A53 绿色生产保护了生态
抖音上也经常看到用农药化肥的危害,我现在都是能不用就不用	A19 农药化肥污染环境	有时间也去网上看看别人怎么种的,学习一下	A54 线上经验学习
市场上的稻米品质不好说,他们大多只管卖了多少钱,不会考虑消费者的健康	A20 市场稻米品质低	周围有的农户也经常向我咨询生态种植的一些经验,也在搞生态种植	A55 带动其他稻农绿色种植
我这个稻米比较绿色,品质较好	A21 提升产品质量	我本身文化太低了,对互联网这些不熟,只会用微信	A56 文化水平
绿色稻米的销路不好找,不知道哪里有好的销路,基本上大多还是被商贩以普通价格收走了	A22 优质不优价	我用的老年机,不会上网	A57 老年机不能上网
我看到他们有的在抖音、微信上卖绿色稻米还不错,价格稍微贵点	A23 绿色稻米价格更高	我们会上网,可以在网上了解掌握一些绿色生产技术,采用这些新技术相对容易点	A58 绿色生产技术容易使用
少用农药化肥也可以降低点成本,农药化肥价格也很贵	A24 节约农资成本	现在农村网络基本是全覆盖,上网很方便	A59 农村网络覆盖广

表(续)

受访者原始访谈内容示例	概念归属	受访者原始访谈内容示例	概念归属
绿色技术对环境好得多，以前化肥农药用的多的时候，土挖都挖不动	A25 绿色技术保护了环境	我用的智能机，家里有电脑，经常上网查资料	A60 智能手机和电脑
我自己也通过朋友圈抖音宣传过我的农产品	A26 线上宣传农产品	不会上网，也不会去查一些资料，因为你对这个技术不够了解嘛，你采用绿色新技术失败的可能就很大	A61 技术采纳可能失败
经常会在网上学一些农业技术，但是我这个年龄，能学一点是一点了	A27 线上技术学习	我还专门去弄那种草草药（中药）去杀虫，比你买的药还管用	A62 生物防控技术
网上还是可以经常了解现在的一些农业政策信息	A28 线上了解政策信息	微信上跟其他农户交流了解这种草草药可以替代农药，效果还好	A63 生物防控少施药
有的顾客也是通过微信联系我买稻米	A29 线上联系消费者	看网上说农家肥和有机肥结合着用效果好，产量更高	A64 绿色施肥能增产
通过网络也可以看到更多外面的信息	A30 线上信息渠道拓展	我买的那种薄膜质量好，买来可以用两年到三年	A65 农膜循环利用
他们有的农户也会偶尔通过微信跟我咨询一些种植技术	A31 线上技术咨询	网上好多人说绿色产品生产出来没得销路，别人不相信你，卖不出去，最后还是按普通农产品卖了	A66 可能存在销售风险
很多农民就靠种点粮食赚钱，还是想提高粮食种植的收益，降低成本	A32 稻农增收期望高	买了一部分有机肥来配合农家肥用	A67 施用商用有机肥
经常通过微信和同村的水稻种植户交流	A33 线上交流	绿色生产出来的稻米安全健康，对消费者有好处	A68 绿色生产对消费者有好处
有可能是我宣传做的不够，别人不会轻易相信稻米是绿色的	A34 市场信任不足	我们水稻种的比别人早点，早一点种虫就少，就不用怎么打农药	A69 适时耕种减少虫害
相对普通消费者来说，我卖5元一斤的大米已经是天价了，很多人消费不起	A35 当地绿色消费需求不足	我都是用大机器耕地，耕得快，翻得深，效果更好，成本也低点	A70 机器深耕